“9·5”泸定地震震害分析与建设对策

赵仕兴 等 著

中国建筑工业出版社

审图号：川S【2024】00118号
图书在版编目（CIP）数据

“9·5”泸定地震震害分析与建设对策 / 赵仕兴等著. -- 北京 : 中国建筑工业出版社, 2024. 9. -- ISBN 978-7-112-30287-1

Ⅰ. P315.9

中国国家版本馆CIP数据核字第2024KH5295号

本书分为4章。第1章“泸定地震概况”包括简介、泸定地震破坏情况、震区地震地质构造及地震历史；第2章“典型震害”主要介绍典型地震震害，包括地质灾害（场地灾害）以及钢筋混凝土框架结构房屋震害、砌体结构房屋震害等结构形式的震害；第3章“典型建筑震害分析”，选取海螺沟管理局住宅、金山花园、磨西博物馆、中国科学院磨西基地、晓拾客栈等典型建筑进行模拟，分析震害及影响因素；第4章“建设对策”从政策文件和管理、技术保障措施、推动绿色环保竹木结构建筑的应用与发展、推动建筑文化与建筑安全和谐发展四个方面提出相应对策。

本书面向抗震研究、抗震设计、震害评估、修复和加固设计等专业的工程技术人员、科研工作者以及政府相关部门，也可以作为教学用书使用。

责任编辑：刘瑞霞
文字编辑：冯天任
责任校对：张　颖

“9·5”泸定地震震害分析与建设对策
赵仕兴 等　著
*
中国建筑工业出版社出版、发行（北京海淀三里河路9号）
各地新华书店、建筑书店经销
国排高科（北京）信息技术有限公司制版
建工社（河北）印刷有限公司印刷
*
开本：787毫米×1092毫米　1/16　印张：13¼　字数：287千字
2024年8月第一版　　2024年8月第一次印刷
定价：**138.00**元
ISBN 978-7-112-30287-1
（43501）

前言 Foreword

2022年9月5日12时52分18秒，四川省甘孜州泸定县磨西镇附近发生里氏6.8级地震，震中位于海螺沟景区，北纬29.59°，东经102.08°。作为拥有优美自然环境和独特地理位置的著名旅游景区，海螺沟景区在此次地震中遭受了严重的地质破坏、建筑破坏、交通设施破坏，人员伤亡和经济财产损失巨大。

地震是造成人员伤亡极为严重的自然灾害，给人类造成了巨大的生命财产损失，其中，建筑损坏和倒塌造成的人员伤亡最大。我国是受地震影响最大的国家之一。新中国成立以来，我国进行了大量的抗震防灾研究，建立了抗震技术标准体系，推动了抗震技术的进步，提高了抗震防灾水平。然而，从历次大地震的震害调研中发现，实际的地震常常产生和设计时的预期不一致甚至相反的破坏，说明我们的抗震技术还存在很多缺陷，还有很大的提升空间。

本书撰写组在“9·5”泸定地震震后第一时间多次赴灾区实施技术支援、实地调研，搜集了大量珍贵资料，经整理、分析、编写，形成本书。本书共分为4章。第1章对泸定地震概况进行介绍；第2章介绍震区的地质灾害和建筑场地破坏情况，并系统梳理了常见建筑结构形式的震害；第3章选取当地破坏比较典型的建筑进行模拟分析，并和实际震害进行对比，最后提出抗震设计的建议和改进措施；第4章结合现场调查研究和对现行政策的深入分析，在防灾减灾政策、建设管理和抗震技术等方面提出若干优化建议。

本书策划和各章节编排由赵仕兴负责，统稿和校审工作由赵仕兴、卢丹和唐元旭完成。各章节撰写分工如下：第1章：郭嘉、赵仕兴、朱飞；第2章：夏静、黄香春、赵仕兴、朱飞；第3章：何飞、钟紫勤、尧禹、樊秦川、赵仕兴；第4章：周巧玲、夏静、罗麒锐、赵仕兴。

本书内容翔实丰富，既有常规的震害描述、分类归纳，也有典型震害建筑的有限元分析，并和实际震害对比研究，得出更为科学的结论，提出指导性更强、更精准的对策。另外，本书还有大量实地采访的记录，读者可以更加客观、全面地了解地震对当地各个方面的深远影响。

本书的研究成果可为地震灾区和其他地区的抗震防灾工作提供长期的参考，为我国抗震防灾技术标准的修订提供依据和参考，以期提升我国建筑的抗震水平，减少地震造成的生命财产损失。

本书可为从事抗震研究、抗震设计、震害评估、修复和加固设计等领域的工程技术人员、科研工作者以及政府相关部门提供研究和决策参考，也可以作为高等院校师生教学参考用书。

限于作者的技术水平和经验，书中难免有片面和不妥之处，敬请广大读者和同行批评指正。

目　录
Contents

第4章 建设对策

附 录

第 1 章

泸定地震概况

1.1 简 介

1.1.1 地震概况

2022 年 9 月 5 日 12 时 52 分 18 秒，四川省甘孜州泸定县磨西镇附近发生里氏 6.8 级地震，震中位于海螺沟景区，北纬 29.59°，东经 102.08°，震源深度 16km，地震最高烈度为Ⅸ度（9 度）。甘孜州、雅安市、凉山州和成都市震感强烈，四川大部及重庆、贵州等地有感。地震造成严重人员伤亡，大量房屋建筑和基础设施受损，道路、通信、供水供电等生命线多处中断，诱发大量次生地质灾害，并导致海螺沟景区关闭。根据四川省地震局的研究，本次地震为主震-余震型地震。

据统计，“9·5”泸定 6.8 级地震共造成雅安、甘孜和凉山 3 市（州）54.5 万人受灾，因灾死亡、失踪 117 人，受伤 3275 人，紧急转移安置 8 万人，倒损房屋约 28.1 万间，直接经济损失 154.8 亿元（应急管理部数据）。该次地震是四川省内 2017 年 8 月 8 日九寨沟 7.0 级地震发生以来震级最高、影响最大的地震。

截至 2023 年 12 月 31 日，笔者统计到 M4.0 级及以上余震共 11 次，其中 M5.0 级以上余震 2 次，具体情况如表 1.1.1-1 所示。

泸定地震 M4.0 级以上余震情况一览表 **表 1.1.1-1**

序号	北京时间	位置	震级	震源深度/km	至“9·5”泸定地震震中距离/km
余震 1	2022-09-05 12:56:34	四川雅安市石棉县（北纬 29.4°，东经 102.17°）	M4.2	15	22.851
余震 2	2022-09-07 02:42:15	四川雅安市石棉县（北纬 29.42°，东经 102.16°）	M4.5	11	20.426
余震 3	2022-10-22 13:17:26	四川甘孜州泸定县（北纬 29.61°，东经 102.03°）	**M5.0**	12	5.321
余震 4	2022-11-18 21:23:56	四川甘孜州泸定县（北纬 29.62°，东经 102.01°）	M4.3	14	7.545
余震 5	2023-01-26 03:49:43	四川甘孜州泸定县（北纬 29.63°，东经 102.01°）	**M5.6**	11	8.090
余震 6	2023-01-26 03:50:16	四川甘孜州泸定县（北纬 29.66°，东经 102.07°）	M4.5	10	7.843
余震 7	2023-01-26 04:57:18	四川甘孜州泸定县（北纬 29.65°，东经 101.98°）	M4.0	10	11.745
余震 8	2023-01-26 07:21:32	四川甘孜州泸定县（北纬 29.63°，东经 101.99°）	M4.4	14	9.771
余震 9	2023-02-28 22:46:50	四川甘孜州泸定县（北纬 29.63°，东经 102.01°）	M4.8	8	8.098
余震 10	2023-05-12 04:32:10	四川甘孜州泸定县（北纬 29.63°，东经 102.02°）	M4.2	10	7.309
余震 11	2023-05-12 06:07:18	四川甘孜州泸定县（北纬 29.62°，东经 102.03°）	M4.0	10	5.873

5 级以上余震简介：

余震 3：

2022 年 10 月 22 日 13 时 17 分发生的 5.0 级地震，震源深度 12km，震中距离“9•5”泸定地震震中约 5km。本次余震震级较大，对“9•5”泸定地震中受损的 B、C 级房屋造成影响，加重了建筑受损程度（如：“9•5”泸定地震发生后，燕子沟某民房底层位移角为 16/100，该余震发生后，笔者于 10 月 28 日测得底层位移角进一步增大，达 18/100），部分山体出现滑坡，个别道路受到落石波及。本次余震未对震中周边其他设备设施造成明显损害。

余震 5：

2023 年 1 月 26 日 3 时 49 分发生的 5.6 级地震，震源深度 11km。震中距离“9•5”泸定地震震中约 8km。成都市区震感明显，甘孜、阿坝、凉山、雅安等地有感，是“9•5”泸定地震的最大震级余震。

该余震再次造成泸定县磨子沟村、青杠坪和九龙县洪坝羊圈门村等道路部分垮塌断道，省道 217 线德威镇境内奎武大桥处塌方中断，泸定至得妥镇快速通道牛背山大桥桥头出现塌方，新增两处大的滑坡体和多处滑坡现象；经 1 月 26 日排查，震中危险地带人员已在“9•5”泸定地震后搬离或迁出，暂未收到人员伤亡报告；海螺沟景区已关闭，康定、泸定的 5000 余名游客和磨西镇 260 余名外来人员，部分已有序离州，灾区电力、通信正常，雅康高速、国道 G318 通行正常。

1.1.2　震后抢险救灾

“9•5”泸定地震发生后，四川省抗震救灾指挥部分析研判震情形势，重点部署五项工作：一是加强排查除险，全覆盖开展人员、道路、房屋、施工工地和山体排查除险工作；二是加强研判预警，加强震情分析研判，强化监测预警，确保社会稳定安全；三是加强避险疏散，对危险路段和隐患点做好临时管制，救援力量要在保证安全的前提下科学高效救援，严防次生灾害发生；四是加强应急备战，加强物资及应急力量储备调度，做好充分准备；五是加强信息报送，及时、准确报送灾情，强化宣传引导，回应社会关切。

四川消防总队共调派甘孜、雅安、成都、乐山、眉山 5 个支队，454 人，99 车，12 犬，5 舟艇参加救援，四川省住房和城乡建设厅组织技术力量对重点地区进行应急安全评估检查工作，本书撰写组部分成员参与了该工作。

国务院抗震救灾指挥部办公室、应急管理部立即启动国家地震应急三级响应，国家减灾委员会、应急管理部启动国家四级救灾应急响应。6 日 2 时 51 分，鉴于灾情严重，国务院抗震救灾指挥部办公室、应急管理部将国家地震应急响应级别提升至二级，国家减灾委员会、应急管理部将国家救灾应急响应级别提升至三级，国务院抗震救灾指挥部派出工作组赴现场指导做好抗震救灾工作，同时调派国家综合性消防救援力量赶赴震区。5 日 23 时

1分，经中共四川省委、四川省人民政府同意，根据《四川省地震应急预案（试行）》相关规定，四川省抗震救灾指挥部将省级地震二级应急响应提升为省级地震一级应急响应，同时四川省甘孜州抗震救灾指挥部也将州级地震应急响应提升为一级。

习近平总书记作出重要指示，要把抢救生命作为首要任务，全力救援受灾群众，最大限度减少人员伤亡。要加强震情监测，防范发生次生灾害，妥善做好受灾群众避险安置等工作。要求应急管理部等部门派工作组前往四川指导抗震救灾工作，解放军和武警部队要积极配合地方开展工作，尽最大努力保障人民群众生命财产安全。

时任国务院总理李克强作出批示，要抓紧核实灾情，全力抢险救援和救治伤员，注意防范滑坡、泥石流等次生灾害，妥善安置受灾群众，尽快抢修受损的交通、通信等基础设施。有关部门要对地方抗震救灾加强指导和支持。

2022年9月6日凌晨，国务院抗震救灾指挥部工作组抵达四川，深入震中泸定县磨西镇和受灾严重的石棉县察看灾情，看望受灾群众，慰问应急救援队伍，指导开展抗震抢险救灾工作。

本次地震累计出动解放军和武警部队、消防救援、公安特警、医疗卫生、航空救援、社会应急救援、应急安全生产、房屋和基础设施安全评估等各类救援力量1万余人，累计搜救被困群众650余人，转移避险群众6万余人。2022年9月12日18时，四川省抗震救灾指挥部终止省级地震一级应急响应，宣告抗震救灾工作完毕。救援队伍于2023年9月13日开始陆续撤离灾区，随后转入过渡安置阶段。2023年9月30日，随着首批灾后过渡板房安置点的正式启用，灾区进入正常工作和生活状态，转入灾后重建阶段。

1.1.3 灾后重建规划

2022年12月23日，四川省甘孜藏族自治州“9·5”泸定地震灾后恢复重建项目集中开工仪式在泸定县德威镇下奎武村举行。按照科学重建、人文重建、绿色重建、阳光重建的原则，甘孜藏族自治州加紧编制完成了“1+5+N”的规划方案，拟建灾后恢复重建项目197个，涵盖住房重建、城乡建设、景区恢复、产业发展、基础设施建设、地质灾害防治、国土空间生态修复等方面，标志着灾后恢复重建工作全面展开。

2022年12月30日，四川省人民政府办公厅印发一个总体规划+一套支持政策+五个专项方案的一揽子灾后恢复重建方案体系：

1.《“9·5”泸定地震灾后恢复重建总体规划》

重建范围为地震烈度7度及以上区域（城乡住房维修加固和恢复重建覆盖到地震烈度6度区），主要包括甘孜州泸定县、康定县、九龙县和雅安市石棉县、汉源县、荥经县、天全县的27个乡镇（街道），面积10280km^2，涉及人口26.8万人。重建项目估算投资确定资金总需求206.65亿元。其中，政府投资103.58亿元，社会投资103.07亿元。

2.《“9·5”泸定地震灾后恢复重建支持政策措施》

出台财政政策、税费政策、金融贷款政策、土地政策、就业与社会保障政策、地质灾害防治和生态修复保护政策、景区恢复和产业扶持政策、基础设施及其他政策等 8 项、31 条具体支持措施，支持灾区恢复重建工作的顺利实施。

3. 五个专项方案

1）《“9·5”泸定地震灾后恢复重建交通设施重建专项实施方案》

2023 年 9 月完成抢通保通。2023 年 1 月底前海螺沟景区实现安全应急通行，全面完成重点路段灾害排查和应急处置，一年恢复基本功能。2023 年底前，农村公路、运输站场建设工作基本完成，灾区交通运输基本恢复，G662、S434 等国省干线恢复重建加快推进，连接海螺沟、王岗坪景区的公路恢复畅通，公路防灾抗灾能力具备一定水平。三年完成重建任务。2025 年底前，全面完成方案内高速公路国省干线、农村公路灾后重建任务。泸定至石棉高速公路建成通车，完成新改建普通国省道 258km，沿大渡河建成高抗灾标准交通干线，围绕震中区域形成多通道生命线交通网，交通基础设施全面恢复并超过灾前水平。

投资估算 73.48 亿元。其中，普通干线公路（不含 S434 雅家隧道）38.28 亿元，农村公路 5.7 亿元，运输场站 0.03 亿元，通过争取中央资金、统筹省级资金、地方自筹等方式筹集。S73 泸定至石棉高速公路恢复重建投资 10 亿元，由蜀道集团自行筹资解决。S434 雅家隧道投资 19.4 亿元，由蜀道集团、中铁城投筹资建设。

2）《“9·5”泸定地震灾后恢复重建公共服务设施重建专项实施方案》

主要分为教育设施、医疗卫生设施、文化体育设施、就业与社会保障设施等，共规划公共服务设施恢复重建项目 173 个，估算总投资 12.05 亿元。其中，教育项目 45 个，估算总投资 4.11 亿元；医疗卫生项目 12 个，估算总投资 2.97 亿元；文化体育项目 43 个，估算总投资 2.36 亿元；就业与社会保障项目 15 个，估算总投资 0.58 亿元；社会管理项目 58 个，估算总投资 2.03 亿元。

3）《“9·5”泸定地震灾后恢复重建城乡住房和市政基础设施重建专项实施方案》

住房重建任务：

根据重建处置方式标准，对灾区城乡所涉及的住房 9630 户进行恢复重建，对 36378 户进行维修加固，对 790 户货币化安置户纳入重建重点项目，共计 46798 户，其余受损轻微（住房安全性鉴定为 A 级）和无重建意愿的受损住房不纳入本次重建处置。其中，城镇住房 4868 户，包括恢复重建 443 户、维修加固 4424 户、货币化安置 1 户；农村住房 41930 户，包括恢复重建 9187 户、维修加固 31954 户、货币化安置 789 户。协同实施地质灾害避险搬迁 1005 户，其中，纳入恢复重建 944 户、货币化安置 61 户。统筹建设 33 个集中安置居民点，其中，特大型集中安置居民点（1001 人及以上）1 个，大型（601～1000 人）2 个，中型（201～600 人）10 个，小型（不大于 200 人）20 个。

市政重建任务：

城镇市政基础设施：主要包括市政道路 25.4km，市政桥梁 1.51km，供水厂 4 座，供水管网 15km，污水处理厂 7 座，排水管网 81.94km，燃气设施 1 座，环卫设施 4 座。实施农村饮水工程、农村排水工程、农村环卫工程、农村供电工程、农村道路工程和农村应急避险工程六类共 52 项重点项目。

城乡住房重建估算总投资约为 38.66 亿元，其中，城镇住房 2.56 亿元，农村住房 36.10 亿元。城镇市政基础设施重建项目估算总投资约为 2.21 亿元，其中，城镇市政道路和桥梁 0.90 亿元，给水排水 1.17 亿元，环卫燃气 0.03 亿元，绿地设施 0.11 亿元。农村基础设施重建项目估算总投资约为 8.44 亿元。

4）《“9·5”泸定地震灾后恢复重建景区恢复和产业发展专项实施方案》

主要分为海螺沟景区恢复提升、王岗坪景区恢复提升、其他景区恢复提升（泸定桥、牛背山、燕子沟等景区）、文化遗产保护传承利用（含磨西红军长征陈列馆等）、公共文化设施恢复重建、大贡嘎世界山地度假旅游目的地建设行动、农业恢复发展与产业振兴（提升农业基础设置，建设特色产业基地）、工业恢复发展与产业振兴（牦牛、苦荞、中藏药等相关产业）、商贸流通发展与产业振兴（物流园区、特色商业街区等）。

根据灾害损失和重建任务，景区恢复和产业发展重建类项目估算总投资为 19.45 亿元，资金采取中央和省级专项资金、社会主体筹资和地方政府其他方式筹资等。其中景区恢复重建项目投资估算为 8.83 亿元，农业恢复重建项目投资估算为 7.95 亿元，工业恢复重建项目投资估算为 1.05 亿元，商贸流通恢复重建项目投资估算为 1.62 亿元。

5）《“9·5”泸定地震灾后恢复重建地质灾害防治和国土空间生态修复专项实施方案》

实施范围为 7 度及以上地震烈度区，涉及 2 个市（州）7 个县（市）27 个乡镇（街道），时限为三年，到 2025 年底全面完成地质灾害应急排查和重点区域调查评价，以及 156 处重大地质灾害点治理排危和 17 处山洪灾害点的治理工作，有效提升地质灾害和山洪灾害防御能力；基本完成受灾害威胁严重的城乡居民避险搬迁工作；修复 13003hm^2 受损林地，全部恢复农业生产适宜区受损耕地，恢复大熊猫国家公园珍稀野生动植物栖息地及生态廊道；统筹实施贡嘎山东坡磨西台地生态保护修复项目、重建管理监测和基础设施，确保重要生态系统得到有效保护，生态环境总体质量基本恢复到震前水平。

估算总投资额约为 15.93 亿元，其中地质灾害防治类（含山洪灾害治理）项目 10.32 亿元，国土空间生态修复类项目 4.34 亿元，防灾减灾救灾能力建设类项目 1.27 亿元。项目资金来源为中央和省级专项资金 8.76 亿元，地方自筹资金 7.17 亿元。

1.2 泸定地震破坏情况

1.2.1 地表变形情况

根据中国地震局地震预测研究所大地测量团队收集的距离震中 300km 范围内 118 个

GNSS 连续站的观测数据，基于震前 7 天和震后 3 天的 GNSS 观测数据，通过精密计算，初步获得了本次地震的同震形变场[*1]，如图 1.2.1-1 所示。

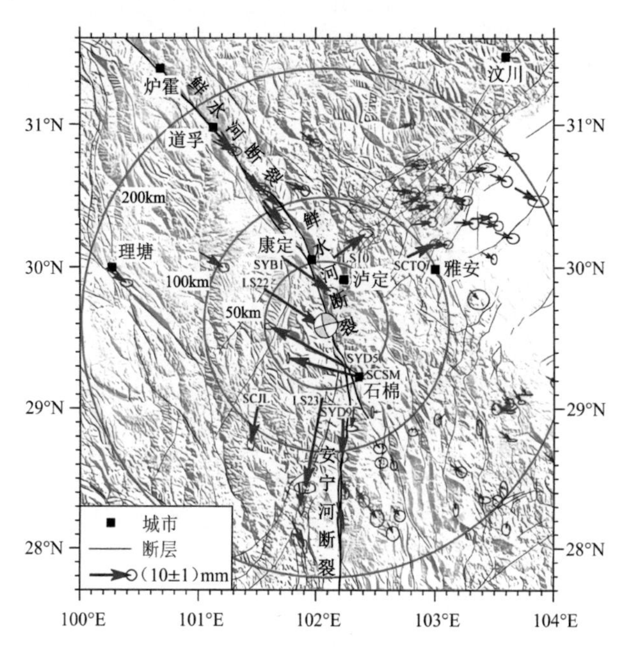

图 1.2.1-1　四川泸定 M6.8 级地震同震形变场

结果显示，同震形变场与本次地震左旋剪切的震源机制相一致，鲜水河断裂左侧，位于康定附近的 GNSS 测站（SYB1、LS22）具有南东方向的同震位移；南部 GNSS 测站（SCJL、LS23、SYD9）具有南南西方向的同震位移，其中九龙县湾坝站（LS23）测站的位移量达 20mm；鲜水河断裂右侧，位于泸定、雅安附近的 GNSS 测站（LS10、SCTQ）具有北东东方向的同震位移；往南距震中东南 50km 处的石棉县安顺场（SYD5）测站具有北西方向 23mm 的最大位移；稍往南的石棉站（SCSM）具有北西西方向 20mm 的位移；远离震中的 GNSS 站同震位移较小。

1.2.2　地震烈度

地震发生后，中国地震局依据《地震现场工作 第 3 部分：调查规范》GB/T 18208.3—2011、《中国地震烈度表》GB/T 17742—2020，对灾区 200 个调查点展开了实地震害调查，并充分考虑震区断裂构造、仪器烈度、余震分布、震源机制，采用无人机遥感等科技支撑成果，结合强震动观测记录，确定了此次地震的烈度分布，完成了四川泸定 6.8 级地震烈度图（图 1.2.2-1）。

[*1]：同震形变场是指地震发生后，地表产生的形变场。这种形变可以通过多种方式进行监测，例如合成孔径雷达干涉测量技术（D-InSAR）能够有效地捕捉到地震发生后地表的大规模形变，如垂直形变、水平形变、地面倾斜等。

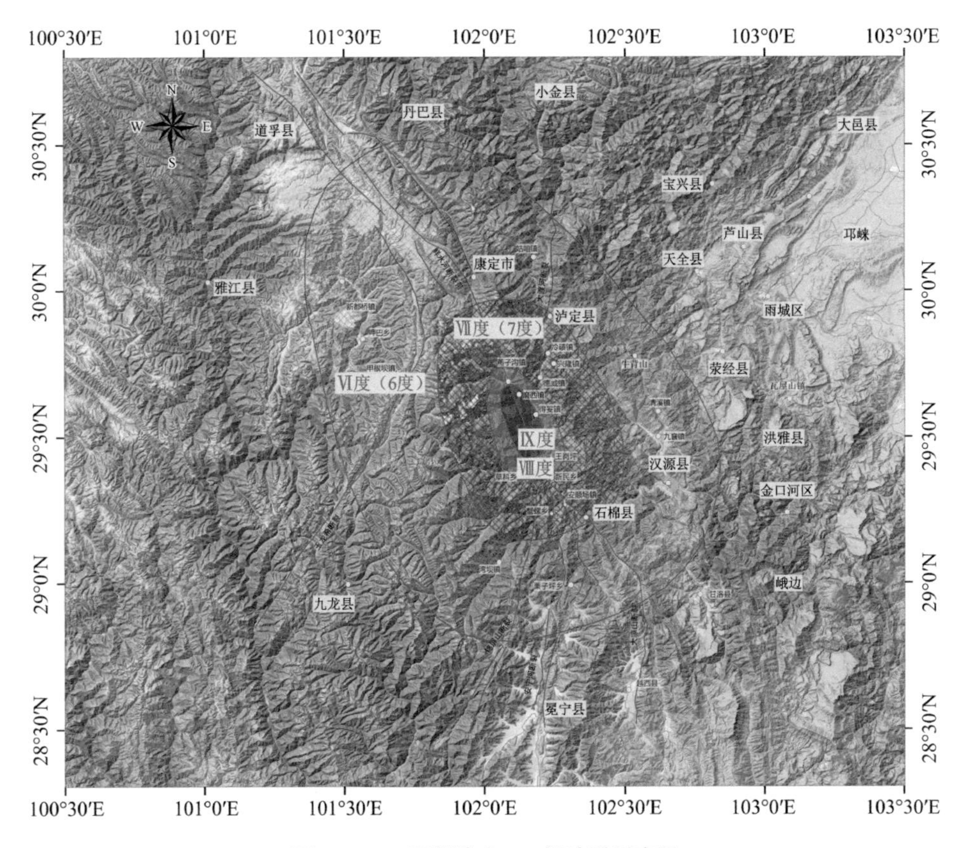

图 1.2.2-1　四川泸定 6.8 级地震烈度图

根据上述烈度图，“9·5”泸定地震最高烈度为Ⅸ度（9 度），等震线长轴呈北西走向，长轴 195km，短轴 112km，Ⅵ度（6 度）及以上面积区 19089km^2，共涉及四川省 3 个市（州）12 个县（市、区），82 个乡镇（街道）。

Ⅸ度（9 度）区面积 280km^2，主要涉及甘孜藏族自治州泸定县磨西镇、得妥镇、燕子沟镇、德威镇，雅安市石棉县王岗坪彝族藏族乡、草科藏族乡、新民藏族彝族乡，共计 7 个乡镇。

Ⅷ度（8 度）区面积 505km^2，主要涉及甘孜藏族自治州泸定县磨西镇、燕子沟镇、得妥镇、德威镇，雅安市石棉县王岗坪彝族藏族乡、草科藏族乡、新民藏族彝族乡，共计 7 个乡镇。

Ⅶ度（7 度）区面积 3608km^2，主要涉及甘孜藏族自治州泸定县燕子沟镇、泸桥镇、德威镇、磨西镇、冷碛镇、兴隆镇、得妥镇、烹坝镇，康定市榆林街道、贡嘎山镇，九龙县洪坝乡、湾坝镇；雅安市石棉县草科藏族乡、蟹螺藏族乡、安顺场镇、王岗坪彝族藏族乡、丰乐乡、新棉街道、迎政乡、美罗镇、新民藏族彝族乡、永和乡，汉源县宜东镇、富乡乡、前域镇，荥经县牛背山镇，天全县喇叭河镇，共计 27 个乡镇（街道）。

Ⅵ度（6 度）区面积 14696km^2，主要涉及甘孜藏族自治州 32 个乡镇（街道），雅安市

35个乡镇（街道），凉山彝族自治州9个乡镇，共计76个乡镇（街道）。

此外，位于Ⅵ度（6度）区之外的个别乡镇和其他部分地区也受到波及，个别老旧房屋出现破坏受损现象。

1.2.3　地震破坏情况

本次地震震级虽不算很高，但是波及面较广，造成的地震破坏情况比较严重。受山区地形因素的影响，除地震直接作用导致大量房屋建筑和基础设施受损，造成道路、通信、供水供电等生命线多处中断，带来比较严重的人员伤亡外，本次地震也在山谷陡坡区域诱发了严重的滑坡、崩塌等地质灾害。

1. 房屋建筑受损情况

地震发生后，住房和城乡建设部门立即开展了震后房屋安全性应急评估工作。专业人员依据《建筑震后应急评估和修复技术规程》JGJ/T 415—2017和《四川省震后建筑安全性应急评估技术规程》DBJ51/T 068—2016开展应急评估，对房屋按"可以使用"（绿色标识）、"限制使用"（黄色标识）、"禁止使用"（红色标识）进行评级。"限制使用"和"禁止使用"的住户可选择投亲靠友或使用政府提供的帐篷等临时安置点。

震后第一时间，撰写组部分成员经四川省住房和城乡建设厅安排，在德威镇和得妥镇的两个村子开展震后房屋安全应急评估工作，结果如下：

得妥镇南头村：共调查146栋房屋，绿色标识（可以使用）76栋，占比52.1%；黄色标识（限制使用）21栋，占比14.4%；红色标识（禁止使用）49栋，占比33.5%。德威镇河坝村：共调查151栋房屋，绿色标识（可以使用）81栋，占比53.6%；黄色标识（限制使用）31栋，占比20.6%；红色标识（禁止使用）39栋，占比25.8%。

地震后，撰写组屡次赴震中磨西镇调研，通过对磨西台地上301栋房屋的应急评估结果的统计得出，绿色标识（可以使用）131栋，占比43.5%；黄色标识（限制使用）91栋，占比30.2%；红色标识（禁止使用）79栋，占比26.3%。

根据上述房屋应急评估结果的比对可以发现，虽然磨西台地更靠近震中，且房屋楼层数普遍更高（多数为4～5层），但是房屋损伤（限制使用或禁止使用）的比例并未比上述两个村子有较大幅度的提高。撰写组分析后认为：由于村子里的建筑基本上为农房，结构体系不规范，施工质量也较差，因此房屋抗震能力较差，导致虽然距震中相对较远，房屋仍然存在较高损伤比例的现象。

2. 人员伤亡情况

根据撰写组现场调查访问的情况，直接因房屋倒塌致死的人员比例较小，大部分是因地震导致的滑坡、崩塌灾害致死。根据撰写组在德威镇和得妥镇的两个村进行的房屋应急评估中所了解的情况，当地因灾死亡4人，1人是被倒塌围墙砸中头部致死，1人为边坡落石砸中车辆致死，2人为边坡垮塌掩埋致死，并无直接因房屋倒塌致死。相较于平原，山区的地震灾害更为复杂。另据高永武等《四川泸定6.8级地震震害调查——以磨西镇为例》文中的统计数据：本次地震造成的死亡人员中，因山体崩塌掩埋、落石击中或击垮房屋等致死77人，占死亡人数的82.8%；房屋倒塌致死14人，占死亡人数的15%，都显示出与撰写组调查结果类似的情况。

整体而言，作为山区地震，本次地震呈现出因地质灾害死亡人数大于建筑物倒塌致死亡人数的特点。这也是相较于平原地区，山区地震灾害更为复杂的一种体现。

3. 生命线受损情况

1）交通

据川观新闻2022年9月5日至9月15日的系列专题报道：

来自交通运输部最新消息，截至9月6日18时，震后公路损伤排查情况如下（以下未标注的日期均对应2022年9月）：

四川省公路部门已累计核查公路里程13484km（其中，高速公路8631km、国省干线公路1862km、农村公路2991km），8085处点位（其中，桥梁3837座，隧道604座，路基段、边坡1446处，涵洞2198座），受损172处，主要类型为边坡垮塌、高位滑坡。

（1）高速公路：震中附近的雅康、雅西、成雅、成名、乐雅等高速公路暂未发现异常情况，目前通行正常。

（2）国省干线公路：G318线、G108线、G351线全线畅通；S217线泸定至联合村已抢通，联合村隧道至王岗坪段约12km发现多处阻断点，王岗坪至下干池约13km已于今日16时抢通应急便道；S434线康定至磨西镇畅通，磨西镇至金光（S434线与S217线交汇处）约10km路段，已于今日16时抢通应急便道，实行交通管制单向通行。

（3）农村公路：初步排查阻断20条，已抢通8条，剩余12条正在抢通，影响周边10个乡镇。其中，雅安市农村公路阻断6条，已抢通3条，剩余3条未抢通，影响3个乡镇；甘孜州农村公路阻断14条，已抢通5条，剩余9条未抢通，影响7个乡镇。

因地震造成道路边坡存在地质灾害风险，随时都有交通中断的可能，再加上四川发生新冠疫情，防控政策对人员流动和交通运输物流等都产生极大影响。地震和疫情的叠加，给抗震救灾带来极大困难。

2）通信

截至9月7日11时，地震共造成基站退服367个，光缆受损309km，通信业务中断影响1.6万户。地震震中附近乡镇通信中断。四川省通信管理局和省应急管理厅立即启动应急通信保障二级响应，紧急调度大型高空全网应急通信无人机赶赴震区。9月5日20时左右，抢险救灾指挥和受灾群众手机通信陆续恢复。

4. 重灾区受损情况

1）石棉县

截至9月12日，当地已有38人遇难、16人失踪、158人受伤，其中危重10人。

石棉县王岗坪乡、草科乡、新民乡道路中断，大量建筑破坏。石棉工业区50多家企业厂房、设备部分受损。

在建泸石高速累计被困356人。泸石高速TJ7标撒拉池沟道路中断，120余名工人被困；TJ6标道路断道，20名管理人员、216名工人被困。

通信受损：地震累计造成退服基站289个，累计光缆受损55km，通信中断业务影响人数3.5万户，已抢通恢复基站7个，无通信全阻乡镇。

电力受损：共计造成500kV石棉变电站3台主变压器漏油，5座110kV变电站、4座35kV变电站停运，1条500kV线路、5条110kV线路跳闸，9条35kV线路、46条10kV线路停运，43158户用户用电受到影响。截至6日6时，已恢复2座110kV变电站、2座35kV变电站、1条500kV线路、3条110kV线路、2条35kV线路、27条10kV线路，21922户恢复供电。

2）泸定县（不含海螺沟景区）

截至2023年9月6日7时，“9•5”泸定地震造成房屋垮塌200间、受损11660间；泸定县供水工程震损7处，1座中型水库水电站、6座小型水库水电站中度～重度受损；16条10kV线路失电，冷碛、磨西、得妥、德威和九龙弯坝、雅江牙衣河全乡（镇）停电。

道路受损：截至9月6日7时，排查高速公路，未有阻断道路，路网通行正常。国省干线方面，S217线泸定经金光至得妥镇畅通，下干池至石棉县城畅通，得妥镇至下干池大桥段（泸定至石棉方向）40km道路阻断。S434线康定至磨西镇畅通，磨西镇至金光段（康定至磨西方向）约10km道路阻断，其中海螺沟隧道磨西出口外1处大滑坡。农村公路方面，甘孜州、雅安市农村公路阻断8条。

3）海螺沟景区

海螺沟景区管理局下辖海螺沟景区、磨西镇和燕子沟镇。

（1）海螺沟景区内

地震发生后，海螺沟景区电力和手机信号中断，多处山体塌方使海螺沟景区通往磨西镇的唯一通道中断，景区成为一座“孤岛”，200多名游客和景区工作人员与外界失去联系（注：当时处于疫情管控阶段，景区内游客较少）。震后24小时，20多名救援人员翻山越岭分两批赶赴景区救援；自7日13时起，随着第一架直升机的到达，才开启了繁忙的空路转运；到7日15时30分，219名被困人员全部成功安全转移。

（2）磨西镇

磨西镇位于四川省甘孜州泸定县中部，是本次地震的震中区域，也是海螺沟景区的游客集散地，经济比较发达，人口稠密，距离成都约 304km，距泸定县城约 52km。磨西镇在地理上位于贡嘎山东麓，海拔约 1600m，主要居住有汉族、彝族、藏族等 12 个民族，气候四季分明。磨西镇处在茶马古道上，因地势平坦、气候宜人、便于歇脚，久而久之便成为川藏通道上的繁华重镇。“磨西”在古羌语中的意思为“宝地”，可见人们对磨西的喜爱。当年红军长征路过此地时毛主席曾在此住宿一晚，并召开了著名的“磨西会议”，部署“飞夺泸定桥”重要战役。

地质构造越是复杂的地方，风景越是秀美，磨西镇自然也不例外。从海拔 7556m 的贡嘎山到海拔约 1600m 的磨西台地，相对高差近 6000m，而直线距离不过 26km 左右。如此剧烈的高差，造就了典型的高山峡谷地貌，孕育出令人瞩目的景色。2017 年，海螺沟被正式列入国家 5A 级旅游景区名单，这也是甘孜州第一个 5A 级景区。

磨西镇也是本次地震损失最为严重的区域。磨西台地上有大量房屋损坏甚至倒塌，据统计，房屋垮塌 43 栋，受损 1350 栋；公共建筑垮塌 2 栋，受损 122 栋；宾馆、酒店、民宿等垮塌 4 栋、受损 307 栋。

地震发生后，因道路大多在坡脚处，省道 S434 磨西镇往泸定方向出场口路基垮塌，断道 50 余米、开裂 50 余米；省道 S217 金光村路基全幅垮塌约 100m、受损约 150m；省道 S434 泸定县城金光村至磨西镇多处因边坡垮塌、飞石导致断道；磨西镇通往外界的道路多处塌方中断，在建泸石高速 TJ6 标段道路断道；仅从磨西经雅家埂至康定的道路畅通，该“生命线”对灾区震后救援起到了重要作用。

地震还导致磨西台地边缘出现多处崩塌、滑坡等地质灾害，其中造成灾害最重的是台地南侧边缘（图 1.2.3-1～图 1.2.3-3）及台地中部的中国科学院贡嘎山高山生态系统观测试验站磨西基地（下文简称中国科学院磨西基地）西侧边坡（图 1.2.3-4、图 1.2.3-5）。两处边坡垮塌范围宽约 50～80m，坡度约 60°～70°。造成了附近道路路基垮塌、路面悬空或被土石掩埋，同时造成临近台地边缘地面开裂。

图 1.2.3-1　震前（2019-12-25）遥感影像图

图 1.2.3-2　震后（2022-09-10）遥感影像图

图 1.2.3-3　磨西台地南侧道路崩滑

（四川日报　杨树 摄）

图 1.2.3-4　磨西台地中部中国科学院磨西基地西侧边坡滑塌

（四川日报　杨树 摄）

图 1.2.3-5　进入海螺沟景区桥头位置垮塌

1.3　震区地震地质构造

1.3.1　总体构造

震区地跨两大一级构造单元：扬子陆块区与羌塘-三江造山系，北东为龙门山基底逆推带，南东为康滇基底断隆带，西部为巴颜喀拉块体，处于两大构造单元交会的弧形凸出部位。由于青藏高原的强烈隆升，巴颜喀拉块体和其南西侧的川滇菱形块体在向东偏南滑动过程中与扬子陆块向西汇聚，一方面因扬子陆块阻挡了高原物质“侧向挤出逃逸”，产生了规模巨大的龙门山断裂带；另一方面，川滇菱形块体向南东的滑动，速率比巴颜喀拉块体向东滑动的速率更大，造成了其边界断裂——鲜水河断裂，该断裂带为典型的左旋走滑断裂带。

本区自古元古代（属于前寒武纪元古宙，距今25亿～16亿年前）以来，经历了晋宁运动、澄江运动、海西运动、印支运动、燕山运动和喜马拉雅运动等多期次构造运动，先后形成了各种不同方向、不同大小、不同规模和不同形成机制的构造系统。川滇南北向构造带、北东向龙门山构造带、北西向构造带构成了本区最基本的Y形地质构造骨架，见图1.3.1-1。泸定区域地质分布情况见图1.3.1-2，主要断裂的特征见表1.3.1-1。

泸定区域断裂特征表 **表1.3.1-1**

断裂构造归属	断裂名称	断裂产状			破碎带宽度/m	上盘位移方向	断裂形成机制	断裂类型	断裂成形期
		走向	倾向	倾角					
川滇南北向断裂带	昌昌断裂	SN	E	陡	＞35	E—W	逆冲推覆	脆性	印支期
	瓜达沟断裂	SN	E	陡	＞14	E—W		脆性	
	泸定断裂	NNE	W	陡	500～1000	E—W	逆冲推覆	韧性叠加脆性	澄江期
	得妥断裂	SN	W	陡	20～70	E—W	逆冲推覆	韧性叠加脆性	澄江期
北西向构造带	鲜水河断裂带	NW	SW	陡	—	SW—NE	逆冲推覆	脆性	燕山期
北东向构造带	龙门山构造带（二郎山断裂）	NE	NW	中等～陡	—	NW—SE	逆冲推覆	脆性	印支期

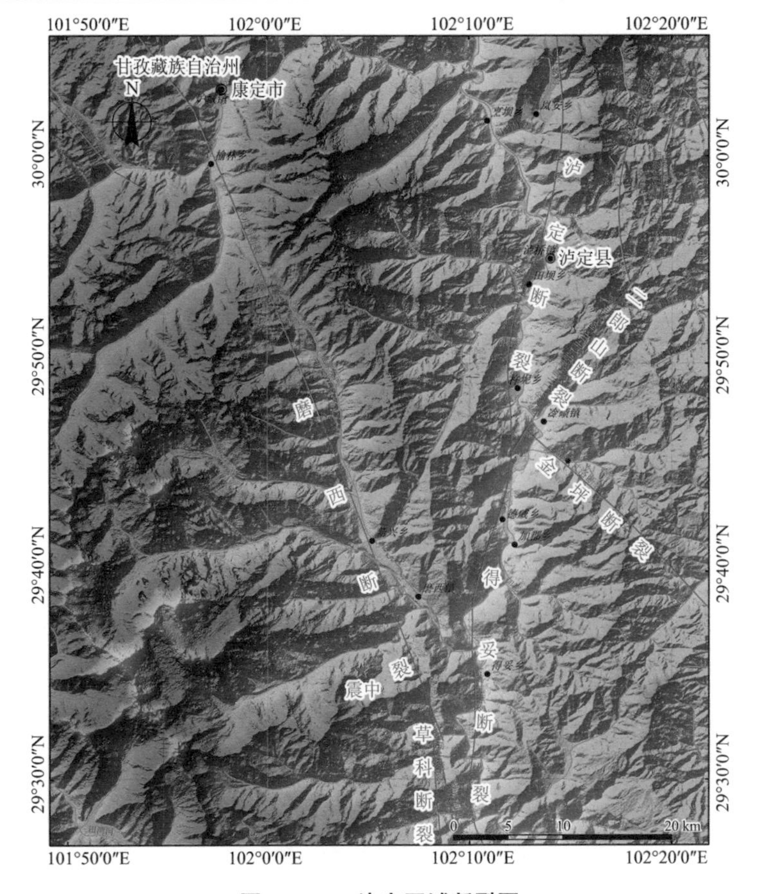

图1.3.1-1 泸定区域断裂图

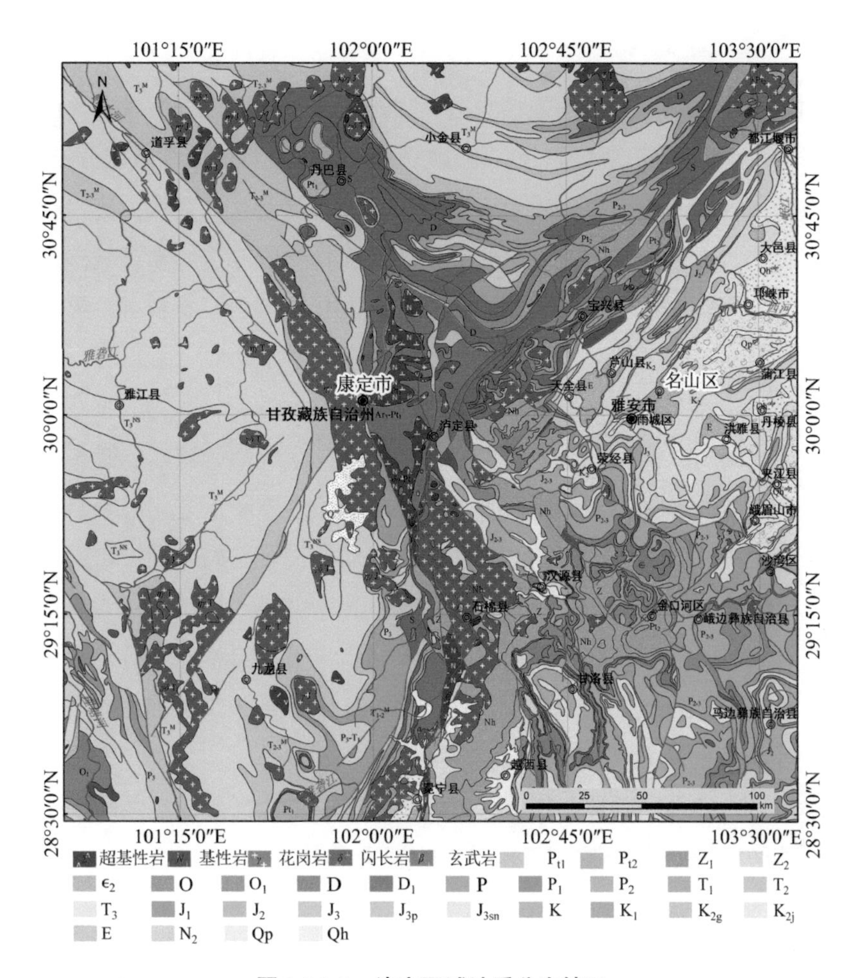

图 1.3.1-2 泸定区域地质分布情况

1.3.2 川滇南北向断裂带

整个断裂带发生时期悠久，发展演化历史较复杂。晋宁期—澄江期岩浆杂岩组成其古老的结晶基底岩系，经长期发展演化形成隆起带和冲断带。大渡河断裂带为其主要构造，该断裂带北起康定金汤附近，向南经泸定、冷碛、得妥、田湾河口、新民至石棉安顺场，被磨西断裂斜切，全长 150km。整个断裂带由多条不连续断裂组成，北段为近乎平行排列的昌昌断裂和瓜达沟断裂，中段为泸定断裂，南段为得妥断裂。泸定区域主要为泸定断裂和得妥断裂。

1. 泸定断裂

系在早期韧性剪切带的基础上经脆性破坏叠加发展所致，由两条间距约 2km、大致平行、总体南北向延伸的断裂及其间所夹的挤压破碎带组成。西支南起加郡东南，经加郡之东，致冷碛之西，被金坪断裂错断后继续北延，经泸定延至金汤，长约 90km，倾向西，倾角约 60°；东支南起冷碛，经泸定向北与西支汇合，倾向东，倾角约 70°。两断裂皆断于元古代不同岩体、岩类中或其接触带上。断裂面光滑弯曲，具绿泥石薄膜。断裂带中、次级断裂发育，构造透镜体，片理、条带状构造，眼球构造以及擦痕、糜棱岩化比比皆是，特别是在泸定田坝、红军楼至五里沟一带，断裂非常明显，呈近南北向带状分布，可达 2km。断裂带内全为糜棱岩，该糜棱岩宏观上显变质岩外貌，具明显的片状、条带状构造，显示了强烈的挤压特点。在田坝一带，由于后期浅表层次构造的改造，岩石破碎，破碎带宽可达 500m 以上。根据李鸿巍进行的石英形貌扫描及 ESR 测年，该断裂自中更新世晚期以来无明显活动性。

2. 得妥断裂

南起新民，经田湾、得妥，至冷碛之西，被北西向金坪断裂错断。断裂总体呈南北走向，惟南段被磨西-新民构造带改造而略向东偏转。南段主要断于同化混染岩与黄草山花岗岩之间，成为二者的大致界线；北段主要断于黄草山花岗岩与同化混染岩交代形成的混合质花岗岩中；中段分为两支，须家河组呈透镜状夹于其中，长达 15km，岩层直立，强烈揉皱。断裂附近，岩石十分破碎，具宽度不等的糜棱岩、千糜岩带，岩石混杂，次级小断裂发育，断面光滑，呈波状弯曲，总体倾向西，倾角 75°，但部分地段亦见倾向东者，倾角也很陡；片理、叶理及石英团块发育，表现为强烈的东西向挤压。另外，得妥之南有一条北东向压扭性小断裂，将得妥断裂东支错移，呈现顺扭，应为得妥断裂之配套断裂。根据李鸿巍进行的石英形貌扫描及 ESR 测年，得妥断裂带不具活动性。

1.3.3 北西向构造带

区域内主要为鲜水河断裂带，由一系列压扭性断裂和复式褶皱所组成，成型于印支期，在燕山期得以发展和强化，第四纪之后以强烈的地震活动、水热活动而著称，且对泸定县有较强烈的波及影响。该断裂带既是川滇菱形断块的北部边界，又是川青与川滇块体的分界线，是我国西部著名的地壳断裂和我国大陆内部少有的强震活动带。北西起于甘孜西北，向南东经炉霍、道孚、乾宁，于康定以南与磨西断裂相复合，长约 400km，走向 N50°—60°W，总体倾向北东，局部（道孚段）倾向南西，倾角 70°～85°，主要断于三叠系、二叠系之中，沿断裂带基性—酸性小型侵入体呈线状分布，断裂破碎带内挤压片理、糜棱岩及构造透镜体十分普遍。第四纪以来，该断裂发展演化为强烈的左旋走滑活动断裂带。以惠远寺第四纪横断型盆地为界，可分北西和南东两段：北西段长约 200km，断面较单一、平直，由一条主干断裂组成，晚更新世—全新世时期，断裂平均滑动速率较高，在 10～15mm/a；南东段长约 100km，断面比较复杂，由数条近于平行展布的断裂带组成，单条断裂滑动速率 5～10mm/a，彼此多呈左阶羽列展布。该断裂带在泸定境内主要划分为磨西断裂、金坪断裂等。

1. 磨西断裂

属鲜水河断裂带南延部分，断裂北端与康定—色拉哈断裂呈左行侧列，向南经磨西、湾东、田湾、大石包、新民，过安顺场、擦罗等地，终止于石棉公益海，全长150km，主体呈NNW—SSE向延伸。断裂西盘为震旦系、泥盆系、二叠系，东盘为晋宁期—澄江期花岗岩和闪长岩。主断带多由构造透镜体、千糜岩、糜棱岩、断层泥等组成，片理发育，断面光滑，多具擦痕。断裂两侧常见与之平行的次级小断裂并发育有数百米宽的挤压破碎带和糜棱岩带，挤压片理、石英团块均十分发育，西盘地层常强烈揉皱或倒转，温泉广布（多位于西盘），水温一般为30～50℃，部分达60℃以上。该断裂具强烈挤压特征，且现代仍有活动，按展布特征、变形性质、活动性可分为：北段（康定—磨西）、中段（磨西—田湾）和南段（田湾—石棉公益海）。此次“9·5”泸定地震就发生在鲜水河断裂带磨西—田湾段。

2. 金坪断裂

北西端起于杵坭北西，向南东经冷碛、兴隆、金坪向南东延伸，长36km以上，走向北西，倾向北西，倾角50°以上。元古代流纹岩、花岗岩仰冲于中生界红层之上。南东段最大断距500m以上，向北西断距渐小，以至消失于杂岩中。两侧岩石相当破碎，具有宽度不等的糜棱岩带及千糜岩带，片理、石英团块均十分发育，断面光滑弯曲。北东盘地层靠近断裂多直立倒转和强烈揉皱。佛耳崖至兴隆一带，奥陶系、志留系地层受明显的动力变质，宽度达1km以上，并见石英方解石脉呈现尖灭再现，其产状与断面基本一致，反映强烈的挤压特征。

1.3.4　北东向构造带——二郎山断裂

二郎山断裂为龙门山断裂带北川—映秀断裂的西南延伸部分，自长河坝向南西向延伸，穿越马鞍山、照壁山、二郎山，终止于冷碛镇以西的铁索桥，长约57km。该断裂总体产状倾向NNW，倾角50°～75°，断于晋宁期—澄江期花岗岩及下震旦统火山岩和古中生界之间，晚奥陶世至泥盆纪期间断裂已明显发育，控制着两侧海陆分布、沉积相与建造；其西隆起，其东坳陷形成北东向的二郎山海槽。主要断层有三支，大致平行展布，向南逐渐收敛合并为1～2支，断层带宽5～100m，由构造角砾岩、破裂岩、断层泥等组成，具压扭性。其中，西支断层由马鞍山西侧经二郎山向南延伸至冷碛，倾向NW，倾角约55°，断层带内挤压层理、石英团块、糜棱岩发育，断面光滑弯曲；中支断层于二郎山从西支分出，呈N25°E延伸至石杠子沟被保新厂—凤仪断裂切错，倾向SE，倾角70°；东支断层于石杠子沟从中支断层分出后，向南经木叶棚至冷碛，倾向NW，倾角约75°，两侧岩石破碎、岩层强烈揉皱，片理异常发育。该断裂带除延伸至二郎山一带外，向南至加郡附近仍有显示；不仅有北东向次级压性小断裂，还有小型棋盘状构造，两组剪切节理（355°∠80°～90°、

74°∠74°)互相交切，将元古代花岗岩切为菱形块体；一组追踪节理发育完好，走向 N75°W，反映出北西—南东向挤压。

1.4 地震历史

1.4.1 震区特征

震区地处青藏高原地震区的鲜水河地震带、安宁河地震带及龙门山地震带交会部位；其中，鲜水河地震带地震活动性最强烈，对本区的波及和影响较大，其他两个地震带的影响相对较弱。

区域现今应力场基本上继承了喜山运动晚期构造应力场的总体特征。根据工作区外围多次中强地震震源机制分析，大多数错动节理面倾角均较大，有 75%的节理面倾角大于或等于 65°，有 1/3 的节理面倾角近于直立(≥80°)；主压应力轴的优势方位为北西向，主张应力轴的优势方向为北东向，多数主压应力轴和主张应力轴的仰角小于或等于 15°。综合区域断裂活动性质、现代地壳应力测量和震源机制解，表明泸定地区及其外围地区处于以水平运动为主的现代构造应力场中，主压应力轴优势方向为北西向。

1.4.2 历史地震情况

根据地震资料统计：磨西台地 200km 范围内自公元 1536 年以来，共记载 7.0～7.9 级地震 7 次，6.0～6.9 级地震 21 次，5.0～5.9 级地震 71 次。2012 年 7 月 1 日至今，磨西台地周边 200km 以内，共计发生地震 174 次，2013 年 4 月 20 日四川芦山地震震级达到 7 级。据我国地震区划图，区内地震峰值动加速度为 0.2g～0.4g；近百年来，区内发生 6 级以上地震 10 次；近 10 年以来，发生 6 级以上地震 4 次，地震活动水平非常高(表 1.4.2-1、图 1.4.2-1)。(数据来源于中国地震台网中心、国家地震科学数据中心、《四川地震资料汇编》)

泸定磨西周围历史强震概况（震级 6 级及以上） **表 1.4.2-1**

序号	发震时间	震中位置		参考地点	震级	至“9·5”泸定地震震中距离/km	震中烈度
		北纬	东经				
1	1536-03-29	28.10°	102.20°	西昌、喜德间	7.5	166	10
2	1725-08-01	30.00°	101.90°	康定	≥7.0	48	≥9
3	1748-08-30	30.40°	101.60°	康定西北	6.0	101	7
4	1786-06-01	29.80°	102.10°	康定、泸定磨西间	7.8	35	≥10

续表

序号	发震时间	震中位置		参考地点	震级	至“9•5”泸定地震震中距离/km	震中烈度
		北纬	东经				
5	1786-06-02	29.90°	102.00°	康定南	6.0	35	6～7
6	1893-08-29	30.50°	101.50°	道孚、乾宁间	6.8	125	9
7	1932-03-07	30.10°	101.80°	道孚、炉霍间	6.0	62	8
8	1941-06-12	30.10°	102.50°	康定金汤	6.0	69	7
9	1948-05-25	29.70°	100.30°	理塘县	7.2	153	10
10	1952-06-26	30.10°	102.20°	康定东	5.8	57	6～7
11	1955-04-14	30.00°	101.90°	康定折多塘	7.5	48	9
12	2001-02-23	29.40	101.10	雅江南	6.0	97	8
13	2013-04-20	30.30°	103.00°	雅安芦山县	7.0	119	9
14	2014-11-22	30.30°	101.70°	康定	6.3	87	8
15	2022-06-01	30.37°	102.94°	雅安芦山县	6.1	120	8
16	2023-09-05	29.59°	102.08°	甘孜泸定县	6.8	震中	9

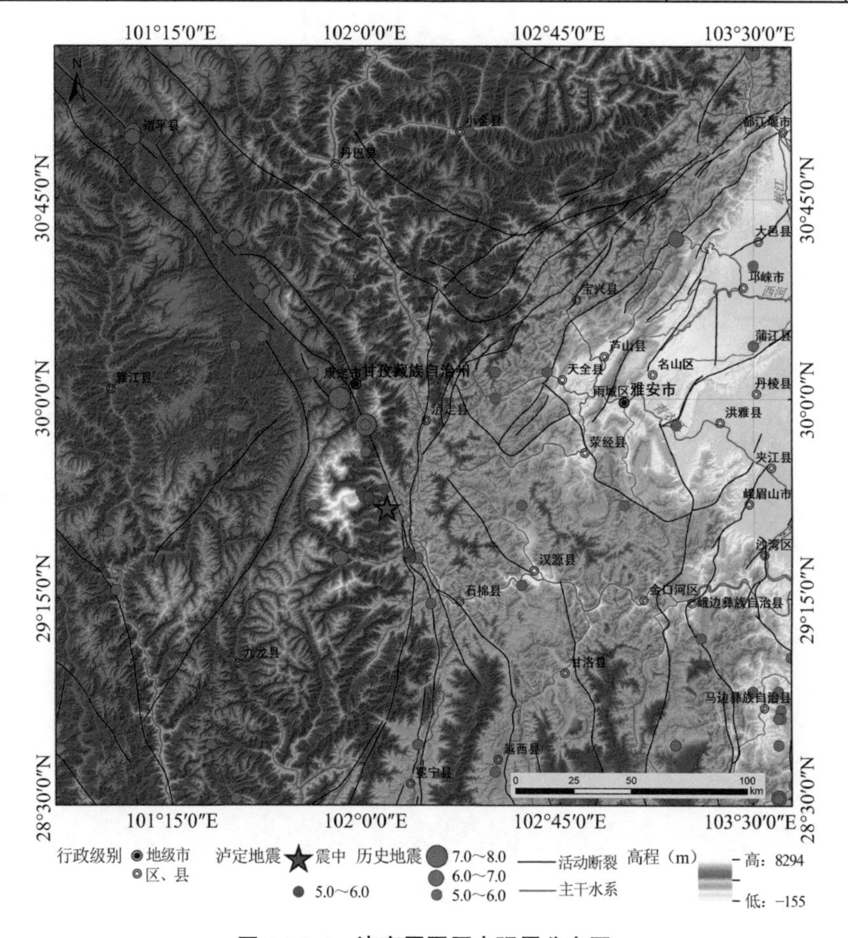

图 1.4.2-1　泸定周围历史强震分布图

历史上磨西周边发生过多次大地震，文字记载中影响最大的是 1786 年（清乾隆五十一年）康定 7.75 级地震，此次地震也是四川境内历史上著名的大地震。根据震害推测震中烈度不低于X度，据《清代地震档案史料》及现场巡视奏折、县志等有关史料记载，震区内康定“城垣倒塌不存一雉……”“沈边所属老虎岩地方因初六日地震，大山裂坠，壅塞河流……”“（十日后）决堤势如山倒，沿河沟港水皆倒射数十里，沿河两岸居民一扫俱尽……”并造成了著名的“水打嘉定府”（今乐山）。洪峰到达嘉定（今乐山）时，浪头高数丈。嘉定府西南城垣被冲塌数百丈，洪水由大渡河入岷江处沿岷江逆水倒灌约十里，大渡河、岷江下游沿岸漂溺者以万家计（图 1.4.2-2、图 1.4.2-3）。（引自邓天岗《1786 年四川康定地震》）

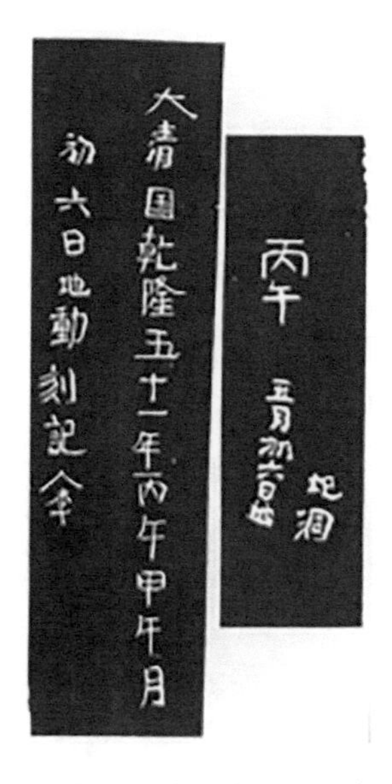

图 1.4.2-2　1786 年地震记录碑文（引自红岩子摩崖地震石刻）

图 1.4.2-3　堵江位置卫星影像图（根据邓天岗论文）

第 2 章

典型震害

2.1 地质灾害

强震是诱发山区地质灾害的重要因素之一，其地质灾害具有分布范围广、规模大、危害严重等特点，严重威胁山区人民生命财产安全与国家重大战略实施。本次地震中因地质灾害造成的危害非常大，导致交通中断、房屋受损，更造成人员伤亡。即使在地震后的几天里，人们都还能不时听见附近山石滚落的声音。

根据学者调查研究，本次地震震区 10 个县（市）境内震前既有地质灾害隐患点共 1797 处（截至 2022 年 9 月 4 日），灾害类型主要为滑坡、泥石流和崩塌，其中滑坡 887 处、泥石流 677 处、崩塌 233 处，详见表 2.1.0-1。

震区震前地质灾害点统计表（引自铁永波论文）　　表 2.1.0-1

市（州）	县（市）	滑坡/处	泥石流/处	崩塌/处	合计/处
甘孜州	泸定县	160	124	59	343
	康定市	51	79	41	171
	九龙县	143	186	48	377
	雅江县	176	72	31	279
雅安市	石棉县	31	65	6	102
	天全县	33	0	3	36
	荥经县	40	7	4	51
	汉源县	109	9	9	127
凉山州	甘洛县	83	32	26	141
	冕宁县	61	103	6	170
合计		887	677	233	1797

此次地震新诱发地质灾害较多，主要类型为中、小型规模高位崩塌、滑坡，且集中分布在震中附近地震烈度 9 度区域，包括泸定县磨西镇、得妥镇、得妥镇—德威镇段大渡河两岸及石棉县草科乡、王岗坪乡；地质灾害较为发育的乡镇有泸定县磨西镇、得妥镇和石棉县草科乡、王岗坪乡，其余地区地震地质灾害发育程度相对较低。

本次地震也诱发了大量同震滑坡（同震滑坡是指地震发生时，地震震动造成地表和土壤产生剧烈振动，导致土壤松散破裂，使原本处于平衡状态的土壤失去稳定性，从而引发的滑坡）。有学者基于全球地震诱发滑坡数据库，采用深度森林算法，建立了地震诱发滑坡近实时预测模型，泸定地震发生后，利用该模型在震后 2h 内快速预测了地震诱发滑坡空间分布（图 2.1.0-1）。

从图 2.1.0-1 中可以看出，地震诱发的滑坡多集中在峡谷两侧高山地区。根据铁永波等《四川省泸定县 Ms6.8 级地震地质灾害发育规律与减灾对策》一文中对地质灾害点的统计，主要受灾地区震后地质灾害新增见图 2.1.0-2。

图 2.1.0-1　泸定地震诱发滑坡空间分布概率图

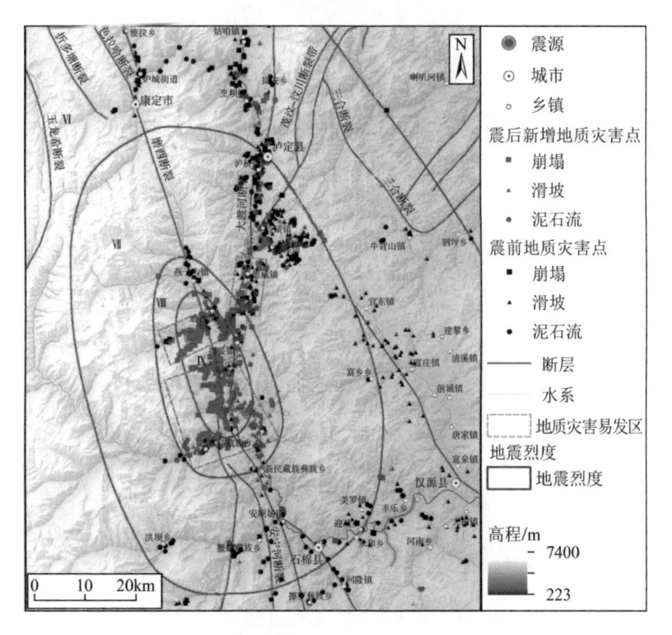

图 2.1.0-2　震区地震新增地质灾害分布图（参考铁永波论文绘制）

注：仅统计地震烈度Ⅵ度和Ⅶ度部分范围内的新增地震灾害点。

2.1.1 磨西台地周边地质灾害

磨西台地为冰水堆积和泥石流堆积体，主要为冰水堆积而成的碎石土，胶结较好，并在台地边缘形成高陡边坡，坡度达 60°～80°，高度 70～110m。因为边坡自身稳定性较好，虽未采取大量的工程支护措施，边坡仍保持自然稳定状态。但在此次强烈地震作用下，边坡出现了大面积的崩塌、滑坡等现象（图 2.1.1-1），造成磨西镇两条主要进出道路中断，边坡上房屋垮塌（图 2.1.1-2～图 2.1.1-16）。

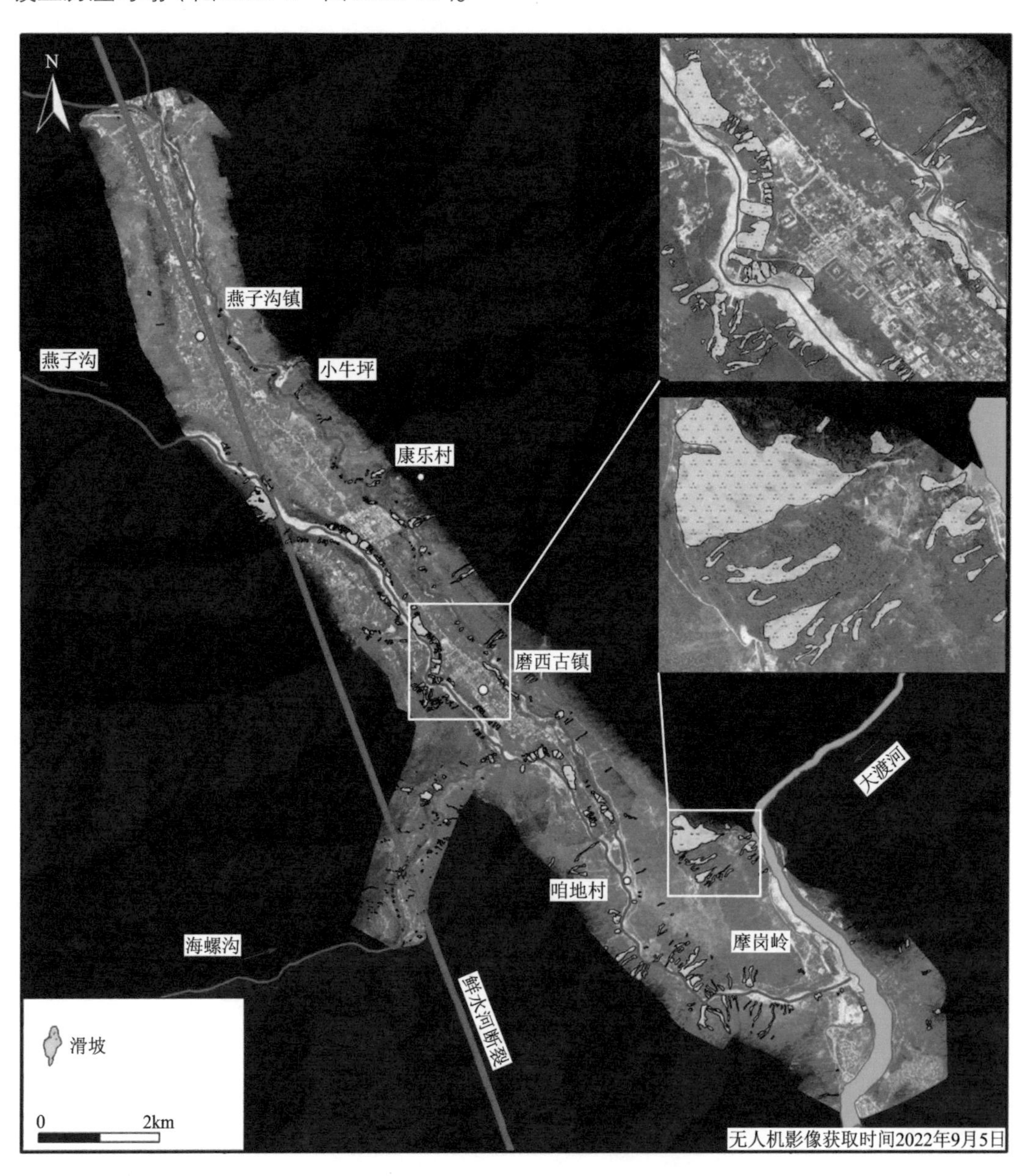

图 2.1.1-1 磨西台地遥感影像滑坡解译图

图 2.1.1-2　公路路基垮塌（一）

图 2.1.1-3　公路路基垮塌（二）

图 2.1.1-4　磨西台地周边滑坡（一）

图 2.1.1-5　磨西台地周边滑坡（二）

图 2.1.1-6　磨西台地周边滑坡（三）

图 2.1.1-7　磨西台地周边滑坡（四）

图 2.1.1-8　磨西台地周边滑坡（五）

图 2.1.1-9　磨西台地周边滑坡（六）

图 2.1.1-10　磨西台地周边滑坡（七）

图 2.1.1-11　谷底的崩塌落石

图 2.1.1-12　落石阻断公路，并造成车辆受损

图 2.1.1-13　公路因塌方阻断，经抢修后的通道

图 2.1.1-14　房屋护坡垮塌（一）

图 2.1.1-15　房屋护坡垮塌（二）

图 2.1.1-16　护坡垮塌，房屋严重受损

2.1.2 大渡河两岸地质灾害

大渡河深切高山，形成V形河谷，公路沿河修建，地震引发在河谷两岸的地质灾害主要为崩塌和滑坡，同时崩塌又主要以高位崩塌形式出现。高位崩塌高差大，多以落石为主，其落石可长距离运移，破坏力大，致使防护网、挡土墙损毁，坡脚房屋被滚石击穿，公路被崩塌块石堆积阻断，造成了严重的危害（图2.1.2-1～图2.1.2-8）。

沿岸房屋多修建于山坡、山脚，除被崩塌滚石砸坏墙体、破坏结构外，滑坡也导致房屋地基受损、护坡垮塌（图2.1.2-9、图2.1.2-10）。

图2.1.2-1　地震导致的大渡河沿岸滑坡（一）

图2.1.2-2　地震导致的大渡河沿岸滑坡（二）

图 2.1.2-3　地震导致的大渡河沿岸滑坡（三）

图 2.1.2-4　地震导致的大渡河沿岸滑坡（四）

图 2.1.2-5　地震导致的大渡河沿岸滑坡（五）

图 2.1.2-6　地震导致的大渡河沿岸滑坡（六）

图 2.1.2-7　被损毁的防护网

图 2.1.2-8　山体多处滑坡

图 2.1.2-9　滚石造成房屋损坏

图 2.1.2-10　房屋护坡垮塌

2.1.3　堰塞湖

强震以后，高山峡谷区域极易因为山体垮塌滑坡造成河流断道，形成堰塞湖。堰塞湖因为坝体松软，容易突然溃坝，造成下游洪灾，可能导致灾情的进一步加大，著名的例子有叠溪堰塞湖、唐家山堰塞湖。

以 1933 年叠溪地震形成的堰塞湖为例，实际上，早在约 3 万年前就已有叠溪古堰塞湖，它因叠溪古滑坡堵塞岷江及对岸支沟而形成，滑坡所形成的堰塞坝堆积方量达到（1400～2000）$\times 10^6 m^3$，古滑坡坝高约 400m，古堰塞湖在滑坡坝后向上游延伸 26km，所形成的最大湖面覆盖面积约 $21.4km^2$，库容蓄水量约 16.7 亿 m^3。该堰塞湖存活了约 1.5 万年，后逐渐溃决消亡（王兰生等，2020）。1933 年 8 月 25 日，四川省茂县叠溪镇发生 7.5 级地震，再次局部复活叠溪古滑坡。古滑坡复活产生的叠溪古镇滑坡和较场滑坡及上游的银坪崖岩质崩塌堵塞岷江，形成了叠溪海子、小海子和大海子堰塞湖。随后，上游坝体的漫顶溢流，最下游的叠溪古镇滑坡坝在震后 45d（即 1933 年 10 月 9 日）发生了漫顶溃决，引发的洪水造成下游 2500 余人遇难。溃坝洪水到达了下游 260km 的灌县（今都江堰市）及新津县（今成都市新津区）境内，是岷江上游流域近百年以来规模最大的一次洪灾（范宣梅等，2021）。

唐家山堰塞湖是 2008 年“5•12”汶川地震后形成的堰塞湖，位于绵阳市北川县上游 3.2km 湔江（通口河）唐家山处。唐家山堰塞湖堰体长 803.4m，宽 612m，堰塞坝高 82.65～124.4m，堰塞体底部高程 699.5m，最高点高程 791.9m，水头高 80 多米，总库容约 3.15 亿m^3。唐家山堰塞湖是“5•12”汶川地震形成的堰塞湖中堰塞体最高、蓄水量最大、威胁最严重的一个堰塞湖，危险分级评定为“极高危险级”，一旦发生溃决，将对北川县、江油市、涪城区、科学城、游仙区、农科区、三台县 130 多万人口及下游遂宁市的安全构成严重威胁（刘建军等，2008）。唐家山堰塞湖的应急抢险也付出了巨大代价。2008 年 5 月 16 日通过卫星照片初步确认唐家山一带形成了堰塞湖，自 5 月 25 日开始挖掘，到 6 月 1 日凌晨，抢险人员连续奋战 7 天 6 夜，挖掘完成了一条总长 475m、上游段深 12m、下游段深 13m、进出口段高程分别为 740m 和 739m 的泄流渠，挖掘方量 $13.55 \times 10^4 m^3$，并对 1/3 溃坝范围内的群众提前转移（刘宁，2008）。2008 年 6 月 7 日早晨 7 时 8 分，唐家山堰塞湖正式开始泄流，截至 6 月 11 日，大泄洪后形成了一条底宽 80～100m、顶上开口宽度近 300m、高 60 多米、长 600 多米的新河道，堰塞湖水位基本稳定在 713m 高程左右，唐家山堰塞湖的威胁得以解除。另外，由于整个堰塞坝的物质冲刷出来后在下游堆积，导致下游河道抬高了约 30m，下游河道高程从 669.5m 升高到了 702m（龙灿，2008）。

四川省水利厅抗震救灾工作组 2022 年 9 月 6 日下午发布的资料显示，本次“9•5”泸定地震也在泸定县得妥镇湾东村湾东河形成堰塞湖。地震发生后，技术人员通过对震区采用现场巡查、卫星遥感、无人机航拍等综合分析手段，发现大渡河右岸一级支流湾东河流域干流上出现 3 处较大滑坡壅塞体，其中最大的一处长、宽约 330m，高 60～70m，估算滑坡体方量约有 80 万 m^3，已堵塞河道并形成了堰塞湖。该堰塞湖距湾东河与大渡河交汇处约 4km，由泸定县得妥镇湾东村右岸山体垮塌，阻断湾东河右主支沟形成。

湾东河又称两岔河、水草坪沟，属于大渡河右岸支流，发源于贡嘎山南麓，河长约 27km，流域面积 $168km^2$，河口多年平均流量 $5.56m^3/s$，总落差 3232m。经分析，地震发生时湾东河河口流量高达 10.4m³/s，按照河道断流时间估算，预计堰塞湖滞纳水量约 60 万 m³（图 2.1.3-1）。

湾东河最终汇入大渡河大岗山水电站（其总库容为 7.77 亿 m³，调节库容为 1.17 亿 m³）库区，堰塞湖迫使大岗山水电站紧急腾出库容以消纳湾东河堰塞湖滞纳水量，所幸水电站库容较大，足以完全消纳，最终堰塞湖对大渡河干流及大岗山水电站下游影响较小。

9 月 6 日 16 时，该堰塞湖经确认已有较大自然泄流，入库流量小于出库流量，风险总体可控，但受威胁群众仍被疏散转移。同时，考虑后续余震、强降雨等带来的次生灾害，相关武警抢险官兵仍原地待命（图 2.1.3-2）。

图 2.1.3-1　湾东河断流处

图 2.1.3-2　四川森林消防队员用皮划艇赴堰塞湖救援

2.2　钢筋混凝土框架结构房屋

钢筋混凝土框架结构是震区应用较多的结构形式，主要用于政府办公楼、学校、医院、酒店、商场、住宅等建筑，在震区的自建房也有少量采用。根据震中调查结果，震中建筑一般为 1～6 层，磨西镇的金山花园为 9 层，高度约 30m，是调查发现的最高框架结构。

框架结构布置灵活，容易满足建筑师和业主使用功能要求，因此在建设中大量采用。但因其抗震防线单一、结构刚度较差，在历次大地震中破坏都比较多。本次地震中也不例外，即使经过正规设计、正规施工的框架，也有部分出现了严重破坏。

框架结构的破坏形式分为整体破坏和局部破坏，局部破坏包括梁破坏、柱破坏、梁柱节点破坏和楼梯破坏等。需要特别说明的是，历次地震中，框架结构发生的基本都是强梁弱柱破坏，未出现抗震规范中预设的强柱弱梁破坏。但本次地震中，金山花园出现了标准的强柱弱梁破坏，该结构在梁端产生塑性铰，柱子仅有局部保护层脱落。

2.2.1　整体破坏

本次调查中的框架结构均未发生完全倒塌破坏，但出现了局部倒塌和严重倾斜。

磨西博物馆梁端雀替采用现浇方式同梁一起浇筑，增加了梁端刚度，出现了严重的强梁弱柱破坏，局部范围柱头产生塑性铰并错断，楼盖塌陷（图 2.2.1-1）。

图 2.2.1-1　磨西博物馆倾斜、局部倒塌

图 2.2.1-1　磨西博物馆倾斜、局部倒塌（续）

海螺沟管理局住宅一层由于使用要求，层高较上部楼层层高大，且一层仅建筑外围设置填充墙，无内隔墙，填充墙数量远小于上部楼层。填充墙大大增大了上部楼层的刚度，导致结构上刚下柔，一层形成薄弱层。因此，在地震作用下，一层柱破坏严重，外围填充墙垮塌，结构底层严重倾斜，而上部楼层未见明显破坏（图 2.2.1-2、图 2.2.1-3）。

图 2.2.1-2　海螺沟管理局住宅一层严重破坏

图 2.2.1-3　海螺沟管理局住宅一层严重倾斜

2.2.2　梁破坏

梁破坏的形式主要表现为梁端斜截面破坏和梁身破坏。

梁端斜截面破坏主要为斜压破坏和剪压破坏，多为靠近节点支承位置出现约 45°角贯通斜裂缝，一般为 2～3 条，裂缝宽度为 3～15mm，裂缝表现为正八字形；破坏严重者裂缝宽度进一步加大，底部混凝土压碎脱落，钢筋外露，箍筋屈服，纵向钢筋弯曲变形。裂缝一般延伸至楼板底部，未贯穿楼板，顶部一般沿梁板交接处延伸。梁端斜截面破坏情况见图 2.2.2-1～图 2.2.2-14。

图 2.2.2-1　梁端斜截面破坏（一）
梁端底部混凝土压碎脱落，
梁底纵筋外露，斜裂缝贯通

图 2.2.2-2　梁端斜截面破坏（二）
梁端底部混凝土压碎脱落，
钢筋外露，梁侧混凝土碎裂

图 2.2.2-3　梁端斜截面破坏（三）
梁端底部混凝土压碎脱落，
梁底纵筋弯曲变形

图 2.2.2-4　梁端斜截面破坏（四）
梁端底部混凝土压碎脱落，
钢筋外露，斜裂缝贯通

图 2.2.2-5　梁端斜截面破坏（五）　梁端底部混凝土压碎脱落，斜裂缝贯通

图 2.2.2-6　梁端斜截面破坏（六）
梁端底部混凝土脱落，钢筋外露，
顶部混凝土碎裂，斜裂缝贯通

图 2.2.2-7　梁端斜截面破坏（七）
梁端出现多道斜裂缝

图 2.2.2-8　梁端斜截面破坏（八）
梁端混凝土全部压碎

图 2.2.2-9　梁端斜截面破坏（九）
柱左侧梁端混凝土碎裂，右侧斜裂缝贯通

图 2.2.2-10　梁端斜截面破坏（十）　梁右侧底部混凝土压溃，多条正八字形斜裂缝

图 2.2.2-11　梁端斜截面破坏（十一）
梁端多条正八字形斜裂缝

图 2.2.2-12　梁端斜截面破坏（十二）
梁左侧底部混凝土压溃，多条正八字形斜裂缝

图 2.2.2-13　梁端斜截面破坏（十三）
梁端多条斜裂缝

图 2.2.2-14　梁端斜截面破坏（十四）
梁端多条斜向贯通裂缝

本次调查未发现标准的正截面受弯破坏情况，但发现了一种较为少见的梁身破坏情况：梁身跨中产生多条不规则斜裂缝，底部水平方向裂缝，且底部跨中混凝土脱落。梁身破坏情况见图 2.2.2-15～图 2.2.2-17。

图 2.2.2-15　梁身破坏（一）
梁身多条不规则斜裂缝

图 2.2.2-16　梁身破坏（二）
梁身产生多条水平裂缝，
跨中下部混凝土破碎

图 2.2.2-17　梁身破坏（三）　底部混凝土破碎脱落，下部纵筋外露

2.2.3 柱破坏

本次地震中，柱构件破坏的情况比梁构件多。调查发现，柱头、柱脚、柱身均存在不同程度的破坏，主要破坏模式有：局部受压破坏、压弯破坏、剪切破坏、剪压破坏、剪压弯破坏，还有部分柱严重倾斜，甚至柱端错断。

1. 柱头破坏

柱头破坏主要发生在建筑一层，临近梁柱节点区域。破坏较轻者仅柱头混凝土破碎，保护层脱落，纵筋外露；严重者柱头混凝土剪压破碎并脱落，有明显剪切斜裂缝，柱纵筋压屈外鼓，部分箍筋断裂，甚者柱头完全剪断，呈明显剪压破坏和剪压弯破坏现象。值得注意的是，此次调查发现部分被剪断的柱头并不是沿斜裂缝剪断，而几乎是平缝错断，应为柱头施工冷缝导致。柱头破坏情况见图 2.2.3-1～图 2.2.3-16。

图 2.2.3-1 柱头破坏（一）
混凝土压碎，柱身倾斜

图 2.2.3-2 柱头破坏（二）
混凝土压碎

图 2.2.3-3 柱头破坏（三）
柱头沿施工缝水平剪断，
混凝土剪压破碎并脱落

图 2.2.3-4 柱头破坏（四）
柱头沿施工缝处水平剪断，混凝土
剪压破碎并脱落，柱纵筋外露

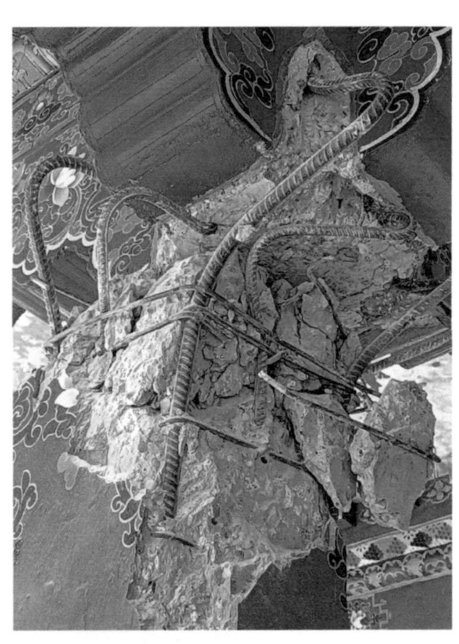

图 2.2.3-5　柱头破坏（五）　框架柱沿水平施工缝处剪断，
纵筋压屈外鼓呈灯笼状，箍筋断裂，混凝土剪压成碎块并脱落

图 2.2.3-6　柱头破坏（六）
框架柱沿水平施工缝处剪断，
纵筋压屈外鼓，混凝土剪压成碎块并脱落

图 2.2.3-7　柱头破坏（七）
柱头剪断水平错位，
混凝土剪压破碎，纵筋压屈外鼓

图 2.2.3-8 柱头破坏（八） 柱头剪断，混凝土斜向剪碎，纵筋压屈外鼓

图 2.2.3-9 柱头破坏（九） 混凝土局部脱落，纵向钢筋向外鼓曲

图 2.2.3-10 柱头破坏（十） 混凝土剪压破碎，纵向钢筋向外鼓曲

图 2.2.3-11 柱头破坏（十一） 混凝土保护层脱落，纵向钢筋向外鼓曲

图 2.2.3-12 柱头破坏（十二） 混凝土剪压成碎块，纵向钢筋向外鼓曲

图 2.2.3-13 柱头破坏（十三）
周圈混凝土压碎，纵筋压屈外鼓

图 2.2.3-14 柱头剪断错位（一）

图 2.2.3-15 柱头剪断错位（二）

图 2.2.3-16　柱头剪断错位，柱脚混凝土破碎

2. 柱脚破坏

柱脚破坏主要发生在建筑一层，柱与地坪交接位置。个别柱发生局部受压破坏，柱角部混凝土剥落，柱角筋外露；部分柱发生剪压破坏，底部混凝土被剪压成碎块，纵筋被压屈外鼓，呈典型的灯笼状；少数柱发生剪切破坏，柱脚直接被剪断，产生错位，柱纵筋被"截断"，从现场看，"截断"的纵筋断面陈旧，应为柱下端搭接钢筋被拔出。柱脚破坏情况见图 2.2.3-17～图 2.2.3-25。

图 2.2.3-17　柱脚破坏（一）
角部混凝土剥落

图 2.2.3-18　柱脚破坏（二）
局部混凝土剥落

图 2.2.3-19 柱脚破坏（三）
施工缝处混凝土脱落，纵筋外露

图 2.2.3-20 柱脚破坏（四）
局部混凝土脱落，纵筋外露

图 2.2.3-21 柱脚破坏（五） 混凝土压碎剥落

图 2.2.3-22 柱脚破坏（六） 混凝土剪压破碎，纵筋压屈外鼓

图 2.2.3-23　柱脚破坏（七） 混凝土剪压破碎，纵筋压屈外鼓

图 2.2.3-24　柱脚破坏（八） 混凝土剪压成碎块，纵筋压屈成灯笼状，箍筋崩掉，柱子下坐

图 2.2.3-25 柱脚剪断错位

3. 柱身破坏

柱身破坏主要发生在建筑一层。部分柱产生压弯破坏，柱一侧（受压侧）混凝土被压碎脱落，轻者纵筋并未屈服，严重者纵筋屈服并向外鼓曲。本次调查也发现不少框架柱由于短柱效应而产生破坏（简称“短柱破坏”），轻者柱身保护层脱落，重者柱身混凝土压碎脱落，纵筋曲折。短柱破坏普遍是由于半高填充墙或楼梯平台对框架柱的约束作用，导致框架柱可变形高度缩短，形成短柱；由于短柱刚度大，所受地震作用也大，且延性较差，容易产生破坏。另有部分柱严重倾斜，现场实测某建筑柱体最大倾斜率达到 1/23。柱身破坏情况见图 2.2.3-26～图 2.2.3-40。

图 2.2.3-26 柱身破坏（一）
混凝土脱落，纵筋压屈外鼓

图 2.2.3-27 柱身破坏（二） 混凝土
剪压破碎，纵筋弯曲外鼓，柱身倾斜

图 2.2.3-28　柱身破坏（三）　混凝土脱落，角筋外露且鼓曲，
柱身严重倾斜，填充墙引起窗台处柱身破坏

图 2.2.3-29　楼梯间短柱破坏（一）　柱头混凝土剪碎，纵筋压屈，柱身竖向裂缝贯通

图 2.2.3-30　楼梯间短柱破坏（二）　柱头混凝土剪碎，柱头错断，纵筋向外鼓曲

图 2.2.3-31　楼梯间短柱破坏（三）
混凝土剪压破碎，纵筋压屈外鼓

图 2.2.3-32　楼梯间短柱破坏（四）
混凝土剪压破碎，纵筋压屈外鼓

图 2.2.3-33　柱头剪切破坏，
填充墙作用引起短柱破坏

图 2.2.3-34　柱身倾斜（一）

图 2.2.3-35　柱身倾斜（二）1m 高度内柱身水平位移

图 2.2.3-36　柱身倾斜（三）

图 2.2.3-37　柱身倾斜（四）

图 2.2.3-38　柱身倾斜（五）

图 2.2.3-39　柱身倾斜（六）

图 2.2.3-40　柱身倾斜（七）

2.2.4　梁柱节点破坏

梁柱节点破坏较为普遍，多发生在建筑一层顶部梁柱相交处，主要为剪压破坏和剪切破坏。剪压破坏较轻的柱节点区凸出角部的混凝土剥落，纵筋向外鼓；较严重的柱节点区域混凝土在剪力和压力的共同作用下被剪压成碎块，纵筋压屈外鼓，箍筋断裂，破坏通常延伸至柱头部分。发生节点区剪切破坏的柱通常是由于节点区箍筋配置不足导致受剪承载力不够，地震作用下，节点区混凝土产生较宽的斜裂缝，从而产生破坏。梁柱节点破坏情况见图 2.2.4-1～图 2.2.4-8。

图 2.2.4-1　梁柱节点破坏（一）
节点区混凝土剥落，纵筋外露

图 2.2.4-2　梁柱节点破坏（二）
节点区混凝土剥落，纵筋压屈外鼓

图 2.2.4-3　梁柱节点破坏（三）
节点区混凝土脱落

图 2.2.4-4　梁柱节点破坏（四）
节点区混凝土破碎脱落

图 2.2.4-5 梁柱节点破坏（五） 混凝土剪压破碎，纵筋压屈外鼓，破坏延伸至柱头

图 2.2.4-6 梁柱节点破坏（六） 混凝土剪压破碎，纵筋压屈外鼓，柱头沿水平施工缝处断裂

图 2.2.4-7 梁柱节点破坏（七） 混凝土剪碎，纵筋压屈，产生较宽斜裂缝

图 2.2.4-8 梁柱节点破坏（八） 混凝土剪压破碎，纵筋压屈、裸露，破坏延伸至柱头

2.2.5 楼梯破坏

本次调查的框架结构建筑普遍采用现浇混凝土楼梯，未发现滑动支座的使用情况。楼梯的破坏形式主要表现为梯段板施工冷缝处破坏、梯梁破坏和梯梁梯柱节点及梯柱破坏几种情况。

地震中，当主体框架结构受到水平地震作用时，现浇楼梯在框架结构中起了 K 形支撑的作用，梯板反复承受拉力和压力。大多数梯板端部负筋在 1/4～1/3 跨位置切断，且施工单位通常在此留设施工缝，因而造成该部位成为受拉薄弱部位。地震往复作用下，在梯板距离支座大约 1/3 位置处，轻者出现水平裂缝；较严重者混凝土剪压破碎，梯板底部钢筋压屈外鼓，梯板弯曲下挠；重者梯板直接在此处剪断错位。

在梯板的往复拉压作用下，楼梯梁和休息平台板受力较为复杂，承受空间的弯、剪、扭综合作用，导致楼梯梁在两端和跨中产生剪扭破坏，混凝土剪碎，钢筋扭曲变形。本次调查中更是发现梯梁连着梯板在与平台板交接处出现拉断现象，此种情况通常是由于梯板上部钢筋直接锚入梯梁内，未延伸至平台板内造成的。

楼梯破坏情况见图 2.2.5-1～图 2.2.5-20。

图 2.2.5-1　梯板沿施工缝处断裂

图 2.2.5-2　梯板起步处斜裂缝

图 2.2.5-3　梯板沿施工冷缝处产生水平裂缝，并沿垂直踏步板方向贯通

图 2.2.5-4　梯板产生多条水平裂缝，梯板沿施工缝处断裂，板底混凝土脱落，钢筋弯曲

图 2.2.5-5　梯板沿施工缝处断裂，板底混凝土脱落，钢筋弯曲

图 2.2.5-6　梯板下部产生较大斜裂缝

图 2.2.5-7　梯板沿施工缝处断裂并明显错位

图 2.2.5-8　梯板沿施工缝处断裂并错位，梯梁中部混凝土剪碎，梯柱角部混凝土脱落，纵筋外露

图 2.2.5-9　梯梁剪断，并连着梯板在与平台板交接处拉断

图 2.2.5-10　梯梁剪坏，产生较大竖向裂缝

图 2.2.5-11 梯梁中部混凝土剪碎脱落，明显下挠

图 2.2.5-12 梯梁在上下梯段相交处被剪断，混凝土剪碎脱落，与梯柱接头处形成塑性铰

图 2.2.5-13 悬挑梯梁根部形成塑性铰

图 2.2.5-14 梯梁跨中混凝土剪碎脱落，纵筋外露

图 2.2.5-15　平台梁剪切破坏，端部产生较宽斜裂缝，底部混凝土脱落

图 2.2.5-16　梯梁中部被剪断，混凝土剪碎脱落，纵筋弯曲

图 2.2.5-17　梯梁梯柱节点域混凝土剪碎脱落，斜裂缝贯通

图 2.2.5-18　梯梁梯柱节点混凝土破碎脱落，梁柱纵筋外露，节点钢筋锚固杂乱

图 2.2.5-19　梯梁跨中混凝土剪碎脱落，纵筋外露；梯梁梯柱节点混凝土破碎脱落，钢筋外露，纵筋锚固杂乱

图 2.2.5-20　梯柱短柱受剪破坏，混凝土破碎脱落，柱纵筋外露

2.3 砌体结构房屋

本次调查的砌体结构多为多层房屋，且自建房居多，大多没有经过正规设计。由于这些砌体结构所用砌块和砂浆的强度参差不齐，构造柱、圈梁等的设置不够或者不合理，导致本次地震中砌体房屋震害较为严重。砌体结构的主要震害有房屋整体破坏和局部破坏，整体破坏包括整体垮塌和因鞭梢效应产生的局部垮塌，局部破坏包括墙体破坏，构造柱、圈梁破坏，以及楼梯、屋架等其他构件的破坏。

2.3.1 整体破坏

砌体房屋的整体破坏主要分为两类，一类是底层整体垮塌（图 2.3.1-1）；另一类是由于顶部的小突出部分质量和刚度比较小，产生鞭梢效应，从而发生破坏（图 2.3.1-2～图 2.3.1-5）。

图 2.3.1-1 中国科学院磨西基地底层垮塌

图 2.3.1-2 某民房屋顶垮塌（一）

图 2.3.1-3　某民房屋顶垮塌（二）

图 2.3.1-4　天主教堂顶部砌体破坏

图 2.3.1-5　某旧址门廊和阁楼垮塌

2.3.2 墙体破坏

本次地震调查中，砌体房屋墙体破坏比较普遍，主要分为墙体开裂和局部垮塌。墙体破坏主要是由于地震作用产生的内力超过了墙体的承载力而产生，主要表现为斜裂缝、水平裂缝、纵横墙交接处竖向裂缝或墙角破坏等，部分严重者出现了局部垮塌现象。在农村自建房中，砌体房屋大多未经过正规设计，墙体自身存在诸多不足，如构造措施不足、开设洞口较多、洞口较大、砂浆强度低、施工工艺差等，这也是本次地震墙体破坏严重的原因之一。墙体破坏情况见图 2.3.2-1～图 2.3.2-27。

图 2.3.2-1 墙体产生较宽斜裂缝，洞口处开裂严重，纵横墙相交处产生竖向通缝

图 2.3.2-2 纵横墙相交处产生竖向通缝，顶部墙角破坏

图 2.3.2-3 屋面主檩下墙体产生竖向通缝

图 2.3.2-4 墙体产生水平通长裂缝

图 2.3.2-5　某 L 形房屋侧墙立面收进处产生竖向裂缝

图 2.3.2-6　窗间墙体产生 X 形裂缝

图 2.3.2-7　外墙局部垮塌

图 2.3.2-8　墙体产生多条斜裂缝、X 形裂缝

图 2.3.2-9　楼梯间门窗洞口处形成贯通斜裂缝，墙体与混凝土构件相交处产生贯通裂缝

图 2.3.2-10　外墙层间产生规律斜裂缝，窗下墙产生 X 形裂缝

图 2.3.2-11　山尖墙与屋架脱离，沿窗洞、门洞水平断裂外闪

图 2.3.2-12　山尖墙沿门洞产生水平裂缝

图 2.3.2-13　墙体斜裂缝

图 2.3.2-14　墙体多条竖向、斜向裂缝

图 2.3.2-15　砖拱顶部竖向裂缝

图 2.3.2-16　砖拱顶部竖向断裂，并沿墙角产生斜裂缝

图 2.3.2-17　墙体窗洞向墙角产生较宽斜裂缝

图 2.3.2-18　墙体斜裂缝

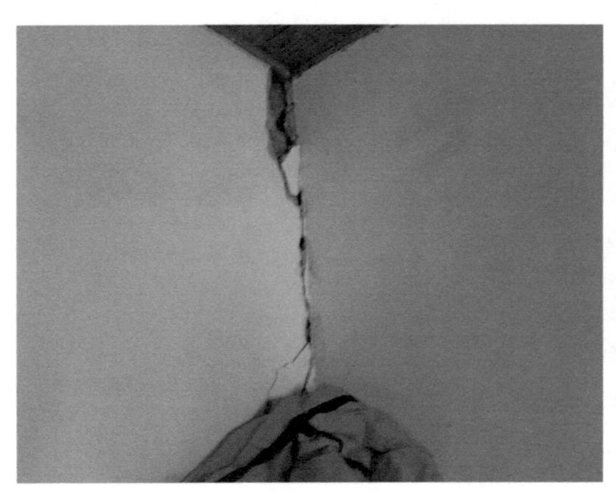

图 2.3.2-19　纵横墙交接处竖向裂缝

图 2.3.2-20　外墙局部垮塌

图 2.3.2-21　外墙局部垮塌，沿门窗洞口角部产生较宽斜裂缝

图 2.3.2-22　墙体较宽 X 形裂缝，局部垮塌

图 2.3.2-23　外墙垮塌

图 2.3.2-24　墙体斜裂缝

图 2.3.2-25　窗洞角部向墙角产生的斜裂缝

图 2.3.2-26　墙体水平裂缝

图 2.3.2-27　墙体底部 X 形裂缝

2.3.3　构造柱、圈梁破坏

通过在砌体房屋中合理设置构造柱和圈梁，能较好地增强结构的整体性，提高变形能力，从而减轻结构在地震作用下的破坏。构造柱、圈梁破坏是砌体结构在地震作用下的典型破坏形式，可在一定程度上反映地震烈度的大小和破坏严重情况。此次地震中，砌体房屋构造柱、圈梁均有不同程度的破坏，最严重的底层完全垮塌，一层构造柱、圈梁断裂，完全破坏（图 2.3.3-1～图 2.3.3-6）。

图 2.3.3-1　某砌体建筑一层整体坐落坍塌，一层构造柱穿透二层现浇楼板

图 2.3.3-1　某砌体建筑一层整体坐落坍塌，一层构造柱穿透二层现浇楼板（续）

图 2.3.3-2　某砌体建筑一层整体坐落坍塌，一层构造柱断裂、错位，二层圈梁断裂、破碎，钢筋外露，部分断裂

图 2.3.3-2　某砌体建筑一层整体坐落坍塌，一层构造柱断裂、错位，二层圈梁断裂、破碎，钢筋外露，部分断裂（续）

图 2.3.3-3　墙体开裂，圈梁断裂

图 2.3.3-4　某砌体建筑一层整体坐落坍塌，二层角部构造柱混凝土破碎

图 2.3.3-5　角部构造柱混凝土破碎，纵筋压屈外鼓

图 2.3.3-6　构造柱破坏

2.3.4　其他构件破坏

本次震害调查，砌体结构破坏现象除了典型的垮塌、墙体开裂、构造柱和圈梁破坏外，还存在楼梯开裂或者垮塌（图 2.3.4-1、图 2.3.4-2）、屋面女儿墙坍塌（图 2.3.4-3）和屋面木构架垮塌等现象（图 2.3.4-4）。

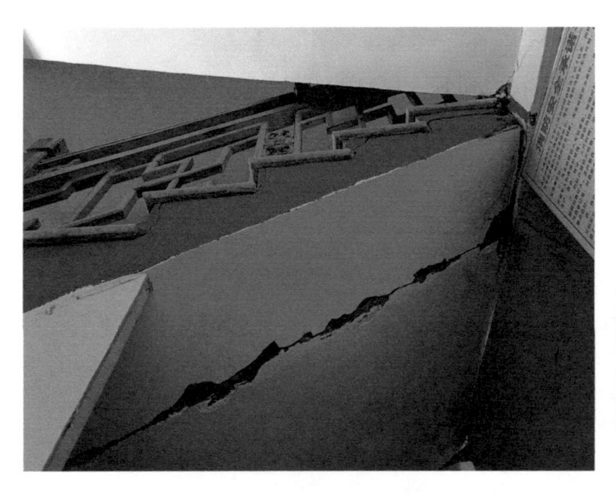

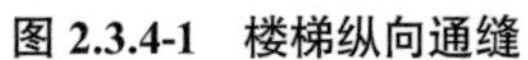
图 2.3.4-1　楼梯纵向通缝

图 2.3.4-2　楼梯垮塌

图 2.3.4-3　屋面瓦震落，女儿墙垮塌

图 2.3.4-4　屋面木构架破坏，屋面垮塌

2.3.5　完好的砌体结构

一般认为，砌体结构的抗震能力较差，在地震中的破坏普遍较为严重。但本次震害调查发现，震中磨西镇的海螺沟中学教师公寓与学生宿舍均为多层砌体结构，震后却基本完好无损：墙体无裂纹或损坏，连门、窗框都形状完整，可以随意开关，玻璃未损坏（图 2.3.5-1～图 2.3.5-4）。在距离震中磨西镇 10km 的德威镇，调查还发现两栋完好无损的砌体民房，楼、屋面板为现浇，均设置圈梁和构造柱（图 2.3.5-5、图 2.3.5-6）。虽然砌体结构的强度和延性相较于钢筋混凝土结构偏低，但砌体结构的抗震能力却不一定就很差，合理设计、合理施工、合理构造，其抗震能力甚至可能更好，在农房、乡村建筑中也更能发挥优势。

图 2.3.5-1　海螺沟中学教师公寓基本完好

图 2.3.5-2　海螺沟中学学生宿舍基本完好

图 2.3.5-3　海螺沟中学教师公寓窗框形状完整、玻璃完好

图 2.3.5-4　海螺沟中学学生宿舍外墙、门框、窗框无损

图 2.3.5-5 德威镇某完好无损民房（一）

图 2.3.5-6 德威镇某完好无损民房（二）

2.4 底部框架砌体房屋

底部框架砌体房屋主要指底层或者底部两层采用框架-抗震墙结构，上部楼层为砌体结构的多层房屋。本次调查的底部框架砌体房屋大多并非标准的底部框架-抗震墙结构，而是根据用户使用需要较为随意地布置、采用“钢筋混凝土梁柱＋砌体承重墙”形式的混合结构。这类结构一般在临街商业侧和室内大空间处采用钢筋混凝土框架结构（框架梁存在一端支承在砌体承重墙上的情况），其余部分均为砌体承重墙，未设置钢筋混凝土抗震墙，上部楼层全部为砌体结构。

这类结构由于底部未设置钢筋混凝土抗震墙，刚度相对上部结构较差，底柔上刚，抗侧刚度沿竖向发生突变，在底部形成薄弱层，故地震破坏主要集中在底部。另外，框架梁一端支承在砌体承重墙上，支承处未设框架柱，或者仅设置同墙厚的构造柱，存在较大局部压应力，且由于钢筋混凝土和砌体两种材料性能差异较大，在地震作用下，协同工作能力较差，地震作用不能进行有效传递，故此处墙体破坏较为严重。

底部框架砌体房屋的破坏形式可分为整体破坏、混凝土构件破坏和砌体墙破坏。典型震害现象有：底层严重倾斜、底层垮塌、底层柱脚和梁柱节点破坏、底层承重墙破坏及楼梯破坏等，上部砌体部分的破坏模式与砌体结构类似，但破坏程度显著减轻。

2.4.1　整体破坏

底部框架砌体房屋的整体破坏主要有底层严重倾斜（图 2.4.1-1～图 2.4.1-4）和底层垮塌两类（图 2.4.1-5、图 2.4.1-6）。

图 2.4.1-1　晓拾客栈底层严重倾斜，木廊柱错位

图 2.4.1-2　某民房底层严重倾斜

图 2.4.1-3　某客栈底层倾斜

图 2.4.1-4　某民房底层倾斜

图 2.4.1-5　大西映画酒店倒塌

图 2.4.1-6 某客栈整体倒塌

2.4.2 混凝土构件破坏

底部框架砌体房屋底部混凝土构件受损较为严重，破坏主要集中在梁柱节点、柱头、柱脚处，破坏类型与钢筋混凝土框架结构相似（图 2.4.2-1～图 2.4.2-22）。

图 2.4.2-1 底层框架柱倾斜，柱头混凝土压碎，钢筋外露，角筋压屈外鼓

图 2.4.2-2 底层框架柱倾斜，柱头混凝土压碎，钢筋外露

图 2.4.2-3　底层框架柱倾斜，柱头混凝土脱落，纵筋外露，内隔墙垮塌

图 2.4.2-4　底层框架柱柱脚混凝土破碎脱落

图 2.4.2-5　底层框架柱柱头混凝土剪压破碎，钢筋压屈外鼓

图 2.4.2-6　底层框架柱柱头混凝土压碎，纵筋裸露

图 2.4.2-7 底层框架柱柱头混凝土剪压破碎，产生较大斜裂缝

图 2.4.2-8 填充墙引起短柱破坏：柱身混凝土剪压破碎剥落，钢筋外露，纵筋压屈

图 2.4.2-9 柱身混凝土压溃，钢筋压屈外鼓呈灯笼状，窗间墙产生 X 形裂缝

图 2.4.2-10 梁柱节点处混凝土剪压破碎

图 2.4.2-11　柱头混凝土脱落，纵筋外露

图 2.4.2-12　柱脚混凝土破碎脱落，纵筋压屈外鼓

图 2.4.2-13　楼梯间处梯梁梯柱节点破坏，框架柱产生短柱破坏，并明显倾斜

图 2.4.2-14　柱头混凝土脱落，纵筋压屈、外露

图 2.4.2-15　柱脚局部混凝土脱落，纵筋外露

图 2.4.2-16　柱头局部混凝土脱落，纵筋外露

图 2.4.2-17　梁柱节点破坏混凝土脱落，纵筋外露

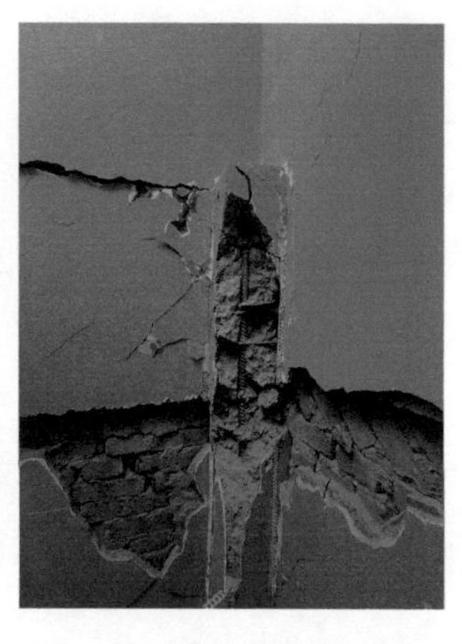

图 2.4.2-18　楼梯间梁柱节点处混凝土破碎脱落，钢筋外露

图 2.4.2-19　柱头混凝土破碎剥落，纵筋压屈外鼓

图 2.4.2-20　柱脚混凝土局部脱落

图 2.4.2-21　柱脚混凝土脱落，钢筋外露，纵筋压屈外鼓

图 2.4.2-22　柱脚混凝土局部脱落，钢筋外露

2.4.3 砌体墙破坏

本次调查的底部框架砌体房屋砌体墙地震破坏现象与砌体结构相似，主要为墙体开裂、局部垮塌（图 2.4.3-1～图 2.4.3-15）。由于农村自建房多为自行修建，存在结构体系杂乱、未按规范要求设置圈梁和构造柱等情况，导致砌体墙在本次地震中破坏尤为严重。

图 2.4.3-1 底部两层外墙产生大量 X 形裂缝

图 2.4.3-2 底层外墙多处开裂，墙体粉刷层脱落

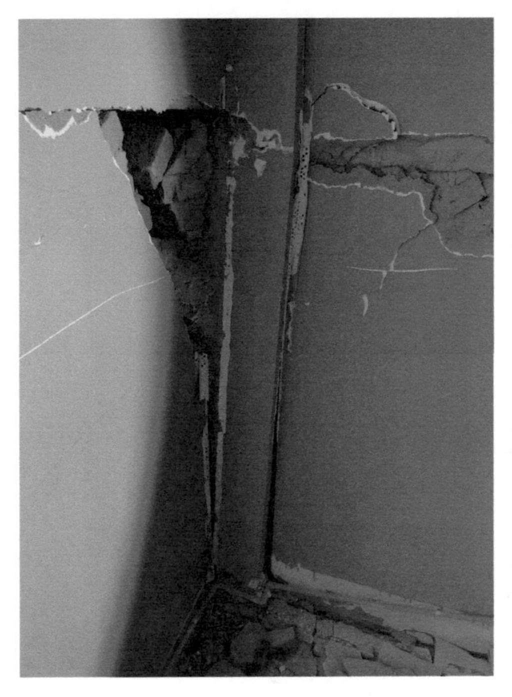

图 2.4.3-3 砌体墙与混凝土梁柱相交处产生水平、竖向裂缝，墙角破损

图 2.4.3-4 底层外墙多处开裂，墙体粉刷层脱落

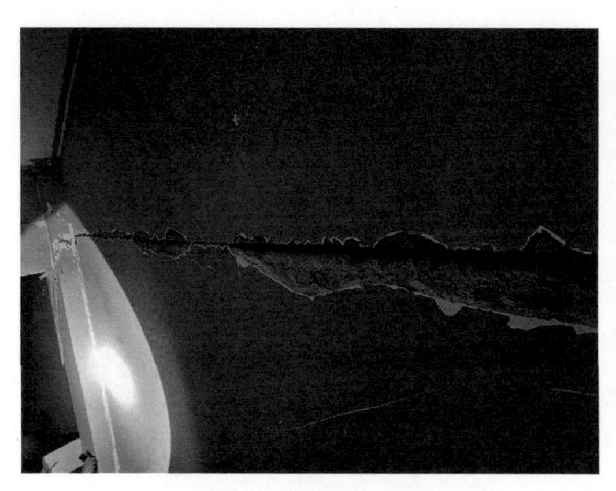

图 2.4.3-5　砌体墙与混凝土梁相交处产生水平裂缝

图 2.4.3-6　底层墙体开裂、垮塌

图 2.4.3-7　二层墙体多条斜裂缝

图 2.4.3-8　砌体墙与混凝土梁相交处产生水平通缝，横梁下墙体产生斜裂缝

图 2.4.3-9　砌体墙与混凝土梁相交处产生水平裂缝（一）

图 2.4.3-10　砌体墙与混凝土梁相交处产生水平裂缝（二）

图 2.4.3-11　底层承重外墙与二层梁交接处墙体垮塌，构造柱压弯、倾斜

图 2.4.3-12　底层砌体墙倾斜，局部垮塌，构造柱弯折

图 2.4.3-13　底部楼层外墙产生大量斜裂缝和水平裂缝（一）

图 2.4.3-14　底部楼层外墙产生大量斜裂缝和水平裂缝（二）

图 2.4.3-15　建筑上部外墙倾斜，产生较宽裂缝

2.5　钢结构房屋

震区钢结构房屋较少，本次调查仅发现一栋钢结构酒店和一栋钢结构工业厂房。

2.5.1　钢结构民用建筑

磨西镇杨家小院主体结构为钢结构，地下一层，地上三层，设有外走廊，使用功能为酒店。此次地震中主体结构基本完好，仅装饰层、抹灰受损，填充墙出现轻微裂缝（图 2.5.1-1～图 2.5.1-4）。相比于其他结构体系，钢结构展现出了更好的抗震性能。

图 2.5.1-1　杨家小院震后整体情况

图 2.5.1-2　杨家小院地下室钢结构震后情况

图 2.5.1-3 杨家小院外填充墙面层脱落

图 2.5.1-4 杨家小院填充墙轻微开裂

2.5.2 钢结构工业建筑

汉源县安乐镇某工业厂房，下部为 2～3 层钢筋混凝土框架，上部为钢框架 + 钢支撑结构，高度目测约 15～20m，建筑临近边坡。调查发现其下部钢筋混凝土框架基本完好，上部钢结构损伤较为严重（图 2.5.2-1～图 2.5.2-6）。

图 2.5.2-1 某工业厂房柱间支撑焊缝断裂

图 2.5.2-1　某工业厂房柱间支撑焊缝断裂（续）

图 2.5.2-2　某工业厂房电缆桥架变形

图 2.5.2-3　某工业厂房结构钢柱弯折变形

图 2.5.2-4 某工业厂房金属外墙破坏

图 2.5.2-5 某工业厂房金属外墙垮塌

图 2.5.2-6 某工业厂房设备移位

2.6　木结构、石砌体等其他结构房屋

2.6.1　木结构房屋

震区木结构房屋主要为原木结构，由木柱、木梁、木枋等组成屋架，称“穿斗式屋架”。围护墙体多为块石墙、黏土墙，也有砖砌墙体、木板墙。木结构典型震害主要是围护墙体垮塌、开裂，瓦片滑落，木柱、木梁、椽子受损，木柱倾斜（图 2.6.1-1～图 2.6.1-8）。木结构整体倒塌、木梁木柱断裂的较少。木结构房屋外包墙体与框架连接较差，造成受损倒塌的情况很多。

图 2.6.1-1　破坏的木结构一：外墙倒塌，柱头劈裂，木檩错位，椽子下挠，屋面瓦片滑落

图 2.6.1-2　破坏的木结构一：外墙倒塌，屋面瓦片滑落

图 2.6.1-3　破坏的木结构一：柱头劈裂，木檩错位从柱顶掉落，屋面瓦片滑落

图 2.6.1-4　破坏的木结构一：柱头劈裂

图 2.6.1-5　破坏的木结构二：屋面瓦片滑落，柱头轻微破损，部分檩条断裂

图 2.6.1-6　破坏的木结构三：底层石砌围护墙垮塌，屋顶破损严重

图 2.6.1-7 破坏的木结构四：木柱倾斜、断裂，屋面木梁跌落

图 2.6.1-8 破坏的木结构五：屋面瓦片滑落，填充墙破损严重

本次地震有不少木结构房屋表现出了良好的抗震性能，结构整体保持完好（图 2.6.1-9～图 2.6.1-15），或仅发生轻微倾斜（图 2.6.1-16～图 2.6.1-22）。木结构相对其他结构自重轻，连接节点通常为铰接或半刚接，在地震作用下能较好地释放地震能量，具有较好的抗震性能。建议在震区农村自建房中加大木结构房屋的推广。

图 2.6.1-9 完好的木结构一：震后整体效果

图 2.6.1-10 完好的木结构一：木柱与石墩基础无相对位移

图 2.6.1-11 完好的木结构一：完好无损的侧墙

图 2.6.1-12 完好的木结构二：震后整体效果

图 2.6.1-13　完好的木结构三：
震后整体效果

图 2.6.1-14　完好的木结构四：
震后整体效果

图 2.6.1-15　完好的木结构四：
完好无损的侧墙

图 2.6.1-16　轻微破损的木结构一：
屋面瓦片滑落，其余完好

图 2.6.1-17　轻微破损的木结构二：略微倾斜，其余完好

图 2.6.1-18　轻微破损的木结构二：墙体轻微变形，木柱、木檩、椽子完好

图 2.6.1-19　轻微破损的木结构三

图 2.6.1-20　轻微破损的木结构三：瓦片松动

图 2.6.1-21　轻微破损的木结构三：
木梁轻微拔出，柱局部破损

图 2.6.1-22　轻微破损的木结构三：
梁下部轻微开裂

2.6.2 石砌体房屋

石砌体结构房屋在震区也比较多见。当地石砌体结构主要以块石砌筑墙体，楼盖、屋盖采用木梁、木屋架、木楼板等木构件。多层石砌体结构一般一层为石砌体，上部为砖砌体。石砌体结构的典型震害主要是墙体垮塌、墙体开裂。

石砌体房屋墙体较厚，一般为 400～500mm，稳定性较好。石砌墙体多数采用黏土为砌筑胶结材料，强度低，破坏较严重（图 2.6.2-1～图 2.6.2-10）。藏区近年来修建的石砌墙体部分采用水泥砂浆，其性能大大提高。

图 2.6.2-1 石砌墙体垮塌

图 2.6.2-2 石砌墙体开裂破碎

图 2.6.2-3 黏土墙体开裂

图 2.6.2-4 黏土墙体开裂，抹灰脱落

图 2.6.2-5 石砌外墙破碎，局部倒塌

图 2.6.2-6 石砌墙体局部倒塌

图 2.6.2-7　石砌墙体多条斜裂缝

图 2.6.2-8　石砌墙体多条裂缝，沿主斜裂缝剪碎

图 2.6.2-9　石砌墙体局部倒塌

图 2.6.2-10　石砌体房屋整体垮塌

2.7　其他结构构件

2.7.1　减隔震装置

本次震害调查共调查了两栋安装有减隔震装置的建筑，分别为某未使用的酒店（图 2.7.1-1）和某学院行政楼（图 2.7.1-9）。根据现场调查情况，减隔震装置的破坏形式主要表现为橡胶包覆层撕裂、支座变形未复位、支座螺栓松动或脱落、阻尼器整体失稳、阻尼器活塞杆屈曲、阻尼器连接节点破坏、混凝土支墩破损等（图 2.7.1-2～图 2.7.1-8、图 2.7.1-10～图 2.7.1-24）。

图 2.7.1-1　某隔震酒店震后全貌

图 2.7.1-2　某隔震酒店隔震支座变形未复位，橡胶包覆层撕裂

图 2.7.1-3　某隔震酒店隔震支座变形未复位，螺栓松动

图 2.7.1-4　某隔震酒店隔震支座螺栓脱落

图 2.7.1-5　某隔震酒店隔震支座变形未复位，螺栓松动，橡胶包覆层撕裂

图 2.7.1-6　某隔震酒店隔震支座底板螺栓脱落，发生转动偏移

图 2.7.1-7 某隔震酒店隔震
支座变形未复位，螺栓松动

图 2.7.1-8 某隔震酒店隔震
支座变形未复位，上柱墩局部混凝土破碎

图 2.7.1-9 某隔震行政楼震后全貌
（蒋正涛 摄）

图 2.7.1-10 某隔震行政楼隔震支座
上柱墩与支座产生较大缝隙
（陈才华 摄）

图 2.7.1-11 某隔震行政楼隔震支座螺栓松动
（陈才华 摄）

图 2.7.1-12　某隔震行政楼隔震层阻尼器整体失稳
（陈才华 摄）

图 2.7.1-13　某隔震行政楼隔震层阻尼器活塞杆屈曲
（陈才华 摄）

图 2.7.1-14　某隔震行政楼隔震层阻尼器连接节点锚筋拔断

图 2.7.1-14　某隔震行政楼隔震层阻尼器连接节点锚筋拔断（续）
（陈才华 摄）

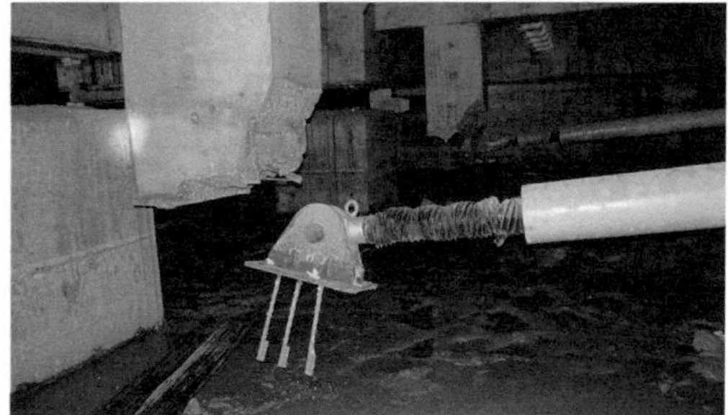

图 2.7.1-15　某隔震行政楼隔震层阻尼器连接节点锚筋整体拔出，阻尼器脱落
（陈才华 摄）

图 2.7.1-16　某隔震行政楼隔震层阻尼器连接节点锚筋与端板连接破坏，阻尼器脱落

图 2.7.1-16　某隔震行政楼隔震层阻尼器连接节点锚筋与端板连接破坏，阻尼器脱落（续）

（陈才华 摄）

图 2.7.1-17　某隔震行政楼隔震层连接节点混凝土支座严重破坏

（陈才华 摄）

图 2.7.1-18　某隔震酒店隔震沟盖板破坏

图 2.7.1-19　某隔震行政楼与非隔震楼间隔震缝连接盖板坠落

图 2.7.1-20　某隔震行政楼与非隔震楼挤压破坏

图 2.7.1-21　某隔震行政楼隔震缝处盖板拉裂

（蒋正涛 摄）

图 2.7.1-22 某隔震行政楼与非隔震楼挤压造成破坏

（蒋正涛 摄）

图 2.7.1-23　某隔震行政楼隔震缝处保温层挤压脱落
（蒋正涛 摄）

图 2.7.1-24　某隔震行政楼隔震缝盖板掉落
（蒋正涛 摄）

2.7.2　楼板破坏

本次震害调查发现磨西博物馆和中国科学院磨西基地楼板出现破坏，主要破坏现象为楼板开裂（图 2.7.2-1～图 2.7.2-3）、塌陷（图 2.7.2-4）及冲切破坏（图 2.7.2-5）等。

图 2.7.2-1　屋面板较宽通缝

图 2.7.2-2　楼板水平较宽裂缝，相应位置梁断裂

图 2.7.2-3　楼板断裂，钢筋拉断

图 2.7.2-4　一层柱断裂错位，二层楼板塌陷

图 2.7.2-5 楼板冲切破坏

2.8 非结构构件

根据《非结构构件抗震设计规范》JGJ 339—2015，非结构构件分为建筑非结构构件和建筑附属设备。建筑非结构构件包括非承重墙（含女儿墙）、顶棚（含吊顶）、附属于楼屋面的悬臂构件（如雨蓬）和大型储物架等；建筑附属设备包括建筑附属的电梯、照明、应急电气设备和消防管道系统等。其中非钢筋混凝土框架结构的砌体墙破坏已在第 2.3 节～第 2.6 节叙述，因此针对砌体墙，本章仅介绍钢筋混凝土框架结构的填充墙和女儿墙的破坏情况。其他非结构构件在地震中发生破坏的也非常多，如：吊顶、室内装饰构件、管道系统、固定储物柜、配电柜、通信机柜等。

2.8.1 钢筋混凝土框架结构填充墙

框架结构填充墙破坏轻者仅粉刷层脱落，墙体产生轻微裂缝；较严重者产生贯通裂缝，但未垮塌；严重者墙体直接垮塌。钢筋混凝土框架结构填充墙破坏情况见图 2.8.1-1～图 2.8.1-33。调查中发现：（1）门窗洞口处裂缝较多、较大，墙体破坏较严重；特别是窗洞较密的窗间墙，通常产生典型的 X 形裂缝，严重者墙体直接被剪碎，甚至垮塌。说明填充墙承担了地震作用，设计中应加强门窗洞口处的构造措施，并严格控制墙体的窗洞比。（2）填充墙与混凝土梁、柱相接处通常产生水平和竖向的贯通裂缝，部分墙体的倒塌也是始于这两条通缝，说明了填充墙与混凝土构件之间构造连接措施的重要性，施工时务必严格遵守，必要时应加强。（3）楼梯间填充墙均有不同程度的损坏，由于框架结构中楼梯间特殊的受力形式，导致楼梯间填充墙受力复杂，损坏较多。因此，建议楼梯间填充墙除严格执行现有构造措施（如楼梯间四角及踏步起始处设构造柱、墙体挂钢丝网）外，再适当加强构造措施，如增设现浇带等。

图 2.8.1-1　填充墙粉刷层脱落，底部墙体局部破坏

图 2.8.1-2　底层墙体开裂严重

图 2.8.1-3 填充墙保护层脱落，
窗间墙形成 X 形裂缝

图 2.8.1-4 填充墙粉刷层脱落，
窗间墙形成 X 形裂缝

图 2.8.1-5 填充墙轻微裂缝

图 2.8.1-6 填充墙粉刷层脱落，
门洞位置填充墙产生斜裂缝

图 2.8.1-7 填充墙 X 形裂缝

图 2.8.1-8 填充墙严重破坏，
产生 X 形裂缝

图 2.8.1-9　填充墙破坏，产生多条贯通裂缝

图 2.8.1-10　填充墙破坏，产生多条 X 形及水平贯通裂缝

图 2.8.1-11　填充墙局部垮塌

图 2.8.1-12　填充墙角部轻微裂缝

图 2.8.1-13　填充墙严重倾斜，产生斜向较宽通缝，部分脱落

图 2.8.1-14　填充墙倾斜，门洞口产生 X 形裂缝，墙体局部脱落

图 2.8.1-15　填充墙粉刷层脱落，窗间墙斜向裂缝

图 2.8.1-16　转角处填充墙破坏，产生斜裂缝，粉刷层脱落

图 2.8.1-17 楼梯间填充墙粉刷层脱落，局部垮塌（一）

图 2.8.1-18 楼梯间填充墙粉刷层脱落，局部垮塌（二）

图 2.8.1-19 填充墙粉刷层开裂并脱落

图 2.8.1-20 楼梯间填充墙与楼面混凝土梁底相交处产生通长水平裂缝

图 2.8.1-21 填充墙粉刷层脱落，局部垮塌（一）

图 2.8.1-22 填充墙粉刷层脱落，局部垮塌（二）

图 2.8.1-23 填充墙与混凝土梁底交接处产生通长水平裂缝

图 2.8.1-24 楼梯间填充墙与楼面混凝土梁底相交处产生通长水平裂缝

图 2.8.1-25 转角处无构造柱，填充墙倒塌

图 2.8.1-26 填充墙开裂、局部垮塌

图 2.8.1-27 一层填充墙垮塌

图 2.8.1-28 楼梯间填充墙粉刷层脱落，多条斜裂缝，倾斜，局部倒塌

图 2.8.1-29 填充墙倒塌（一）

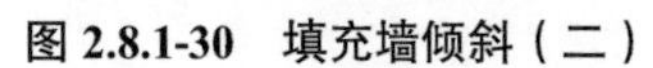

图 2.8.1-30　填充墙倾斜（二）

图 2.8.1-31　填充墙倒塌（三）

图 2.8.1-32　填充墙倒塌（四）

图 2.8.1-33　填充墙开裂，产生斜向通缝

2.8.2 其他非结构构件破坏

本次泸定地震中发现的其他非结构构件的震害现象也较多样且具代表性，具体震害现象如图 2.8.2-1～图 2.8.2-21 所示。

图 2.8.2-1　预制门围、窗围倒塌

图 2.8.2-2　塑钢窗挤压变形、掉落

图 2.8.2-3 外立面装饰木构件破坏，挑檐垮塌

图 2.8.2-4 图书馆书架倾斜、倒塌

图 2.8.2-5 装饰木柱与石墩错位

图 2.8.2-6 水箱坍塌

图 2.8.2-7 吊顶脱落

图 2.8.2-8 阁楼吊顶脱落

图 2.8.2-9 吊顶局部脱落

图 2.8.2-10 室外道路破坏，产生横向、纵向裂缝

图 2.8.2-11 室外产生较宽裂缝

图 2.8.2-12 室外地坪及围护构件断裂

图 2.8.2-13 地坪栏板倾斜

图 2.8.2-14 挡墙倒塌

图 2.8.2-15　围墙倒塌（一）

图 2.8.2-16　围墙倒塌（二）

图 2.8.2-17　水管断裂错位

图 2.8.2-18　隔震楼与非隔震楼连接水管断裂

（蒋正涛 摄）

图 2.8.2-19 消防管道断裂错位

图 2.8.2-20 机柜倒塌

（蒋正涛 摄）

图 2.8.2-21 实验室设备柜倒塌

（蒋正涛 摄）

地震中的一些特殊现象也值得我们去思考。磨西镇上尚未竣工的金山花园项目已停工多年，在此次地震中破坏严重。金山花园的屋面女儿墙上堆放有数层砖砌块。按我们的惯性思维，这些砖块都应倒塌或部分掉落。但在实际地震中，这些砖块却未见掉落、倒塌，仍保持整齐码放的状态（图 2.8.2-22）。

图 2.8.2-22　女儿墙上整齐码放的砖砌块

第 3 章

典型建筑震害分析

3.1 引　言

“9·5”泸定地震震中位于泸定县磨西镇，笔者在震后多次赴灾区调研。由于震中破坏严重、震害类型丰富，调研重点集中在磨西镇。在调研中发现，磨西镇房屋在此次地震中呈现出了多种典型破坏模式。本章选取了震中有代表性的部分建筑，输入本次地震记录的实际地震波进行弹塑性分析，对比分析结果与实际震害现象，对实际震害进行评估，并对现行的抗震设计方法提出优化建议，以期推动我国建筑抗震设计的发展和进步。

3.1.1 典型对象选取

本章选取了海螺沟管理局住宅、金山花园、磨西博物馆、中国科学院磨西基地和晓拾客栈共五栋建筑进行有限元分析。其中海螺沟管理局住宅、金山花园、磨西博物馆为钢筋混凝土框架结构，中国科学院磨西基地为砌体结构，晓拾客栈为底部框架砌体结构，基本涵盖了震区的主要结构类型，各类建筑的破坏程度分为中度破坏、严重破坏和倒塌，建筑位置分布如图 3.1.1-1 所示。

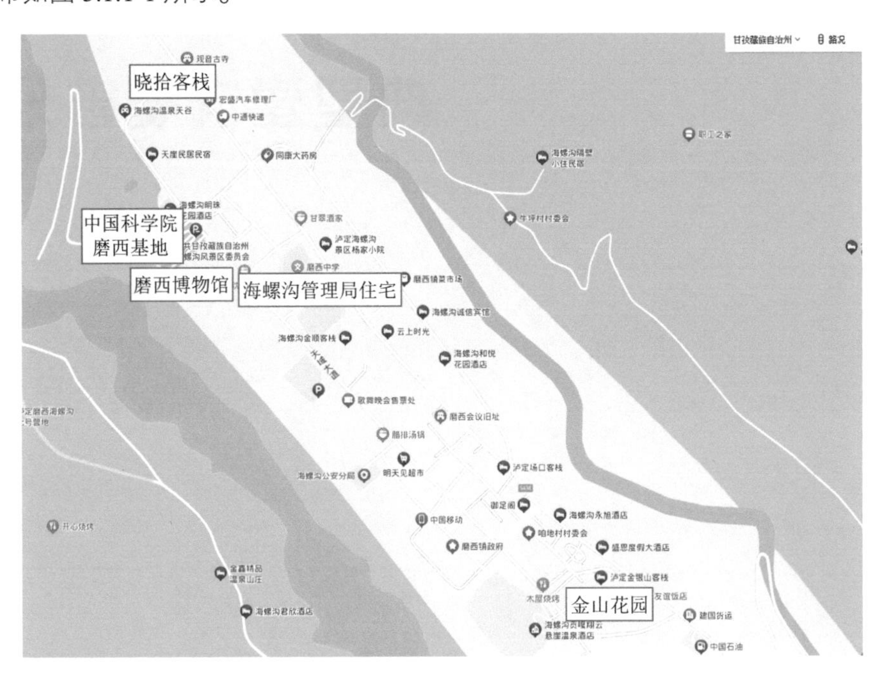

图 3.1.1-1　建筑位置分布

3.1.2 地震波

地震波采用距离磨西镇最近的地震记录台站（SC.V2204 台站，北纬 29.64°、东经 102.13°，该台站位于磨西镇）所记录的数据，波谱如图 3.1.2-1 所示，东西向（EW）峰值加速度为 443.85cm/s²、南北向（NS）为 306.46cm/s²、竖向（UD）为 402.41cm/s²。磨西镇建筑群坐落于突出台地上，台地两侧坡度约 60°～80°，突出地形的高度大于 60m（图 3.1.2-2）。根据《建筑抗震设计标准》GB/T 50011—2010（2024 版）第 4.1.8 条条文说明，应考虑局部突出地形对地震动的放大作用，磨西镇地形顶部的峰值加速度放大系数取值 1.6。模型输入的峰值加速度分别为 710.16cm/s²、490.34cm/s²、643.86cm/s²，高于 9 度罕遇地震。

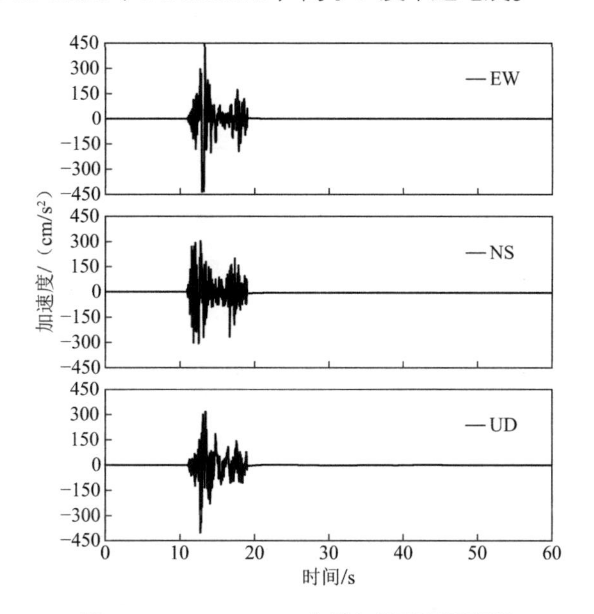

图 3.1.2-1　SC.V2204 台站加速度时程记录

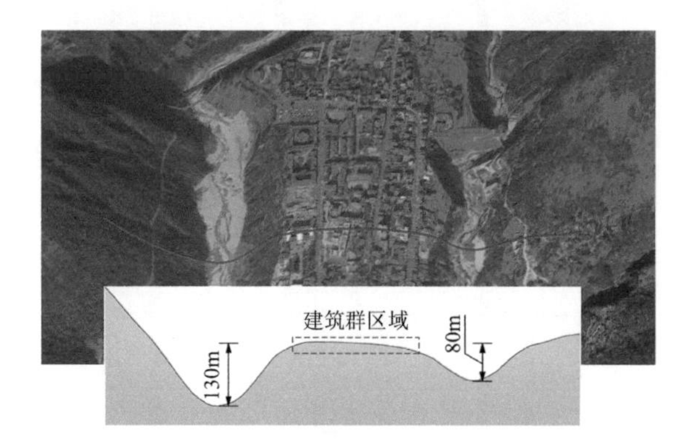

图 3.1.2-2　磨西镇地形示意图

3.2　海螺沟管理局住宅

3.2.1　工程概况

海螺沟管理局住宅设计于 2008 年，按《建筑抗震设计规范》GB 50011—2001 进行设计，抗震设防烈度为 8 度，设计基本地震加速度为 0.20g，地震分组为第一组，场地类别为Ⅱ类，特征周期为 0.35s。该建筑无地下室，地上六层，一层为商业，层高 3.9m，二至六层为住宅，层高 3.0m，室内外高差 0.6m，房屋高度 19.5m，采用钢筋混凝土框架结构，砌体填充墙。梁、柱、楼板、填充墙材料见表 3.2.1-1，结构平面布置见图 3.2.1-1。一层为了获取更大的使用空间，填充墙数量较少，而二至六层为住宅，填充墙数量较多，建筑填充墙布置见图 3.2.1-2。

海螺沟管理局住宅材料表 **表 3.2.1-1**

基本信息		梁	柱	楼板
主要截面尺寸/mm		200 × 700 250 × 550 300 × 550	300 × 500 400 × 500	100
材料	钢筋	$\underline{\phi}$（ϕ）	$\underline{\phi}$（ϕ）	ϕ
	混凝土	C30	C30	C30
	填充墙	页岩空心砖		

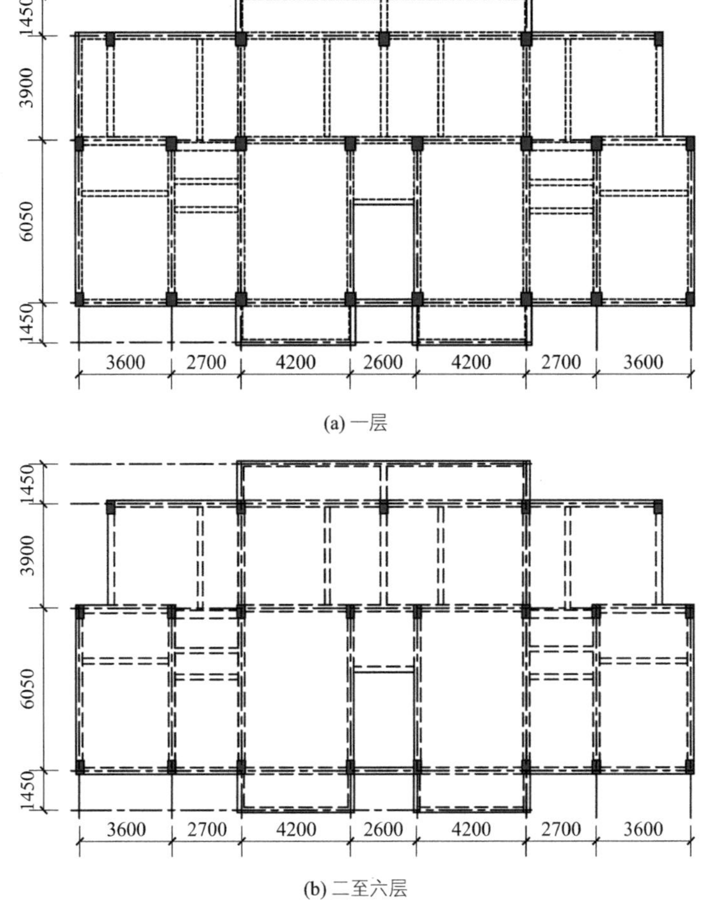

图 3.2.1-1 海螺沟管理局住宅结构平面布置图

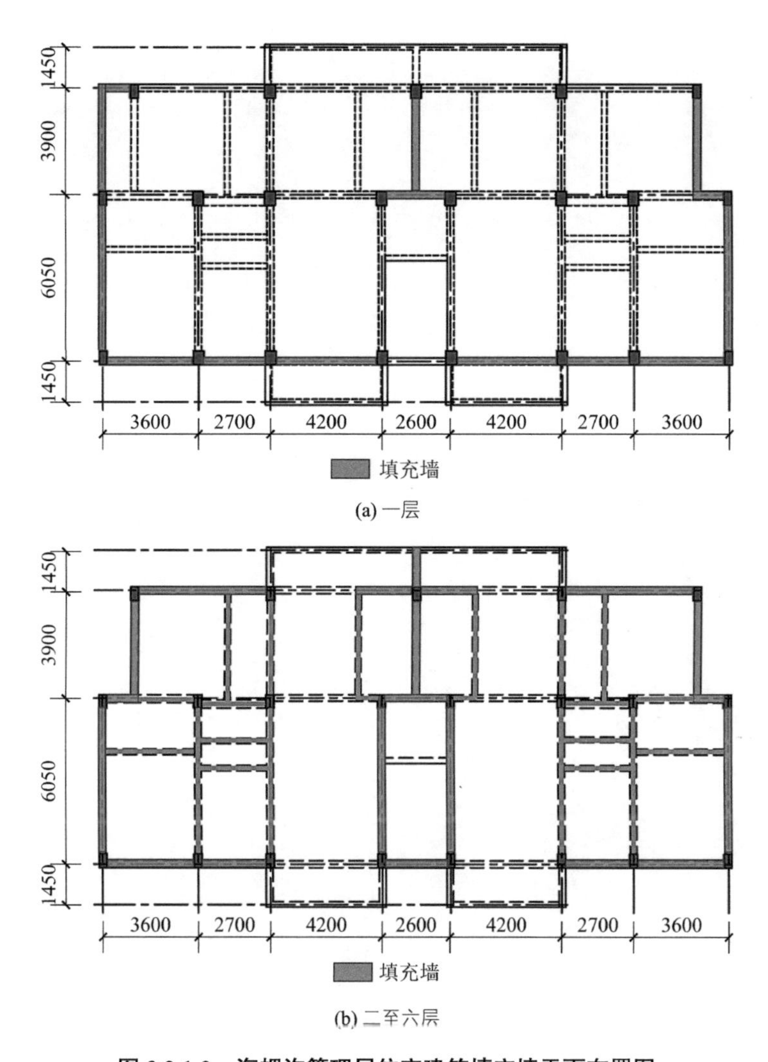

图 3.2.1-2　海螺沟管理局住宅建筑填充墙平面布置图

3.2.2　震害描述与分析

海螺沟管理局住宅的破坏为一层产生较大侧移的薄弱层破坏。如图 3.2.2-1、图 2.2.1-2 和图 2.2.1-3 所示，一层框架柱倾斜严重，上部楼层随一层倾斜产生整体侧移。一层柱均发生了不同程度的破坏，一层框架梁及上部楼层结构构件无明显损伤，属于典型的强梁弱柱型破坏。一层柱的破坏模式主要有三种：一是非角柱压弯破坏，如图 3.2.2-2（a）、（b）所示，柱发生压弯破坏后，柱头混凝土剥落，纵筋被压屈；二是角柱节点破坏，如图 3.2.2-2（c）、（d）所示，梁柱节点处产生了巨大的斜裂缝，被斜裂缝分割开的梁、柱发生较大的水平错动；三是短柱破坏，如图 3.2.2-2（e）所示，柱身混凝土剪碎，剪切部位的柱纵筋因压屈而外凸。一层填充墙有大量斜裂缝产生，破坏严重，并有局部倒塌，二层及以上楼层填充墙未见明显破坏。

图 3.2.2-1 海螺沟管理局住宅一层震后概貌

(a) 柱头破坏 1

(b) 柱头破坏 2

(c) 梁柱节点区破坏 1

(d) 梁柱节点区破坏 2

图 3.2.2-2 海螺沟管理局住宅结构构件破坏

(e) 短柱破坏

图 3.2.2-2　海螺沟管理局住宅结构构件破坏（续）

该建筑一层层高较上部楼层大，同时一层填充墙数量远少于上部楼层，填充墙的存在增大了上部楼层的抗侧刚度，进一步加剧了结构上刚下柔的情况，一层框架柱在水平地震作用下因变形过大而发生破坏。角柱比非角柱的破坏更严重，说明该建筑在地震作用下存在明显的扭转现象。此外，梁柱节点区的钢筋较密集，箍筋的绑扎质量不可控，混凝土浇筑质量得不到保证，进一步加重了节点区的破坏。图 3.2.2-2（e）为一层框架柱发生短柱破坏，柱被层间梁约束，在层间梁与一层框架梁之间形成短柱。由于短柱抗侧刚度大，且楼梯未做滑动支座，所分配的地震剪力增大，最终导致短柱发生剪切破坏。

3.2.3　地震动响应分析

1. 计算模型

根据竣工资料和现场实测资料，采用 SAUSAGE 建立结构模型。梁、柱采用纤维模型，楼板采用非线性分层壳单元，填充墙简化为作用在梁上的线荷载，模型如图 3.2.3-1 所示，得到前三阶振型及对应的周期见图 3.2.3-2。

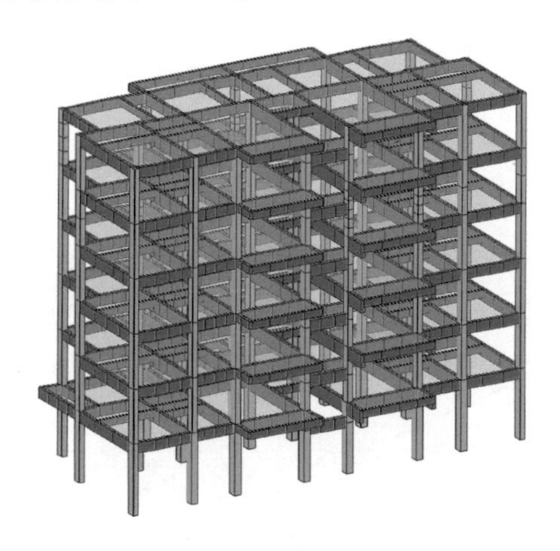

图 3.2.3-1　海螺沟管理局住宅 SAUSAGE 模型

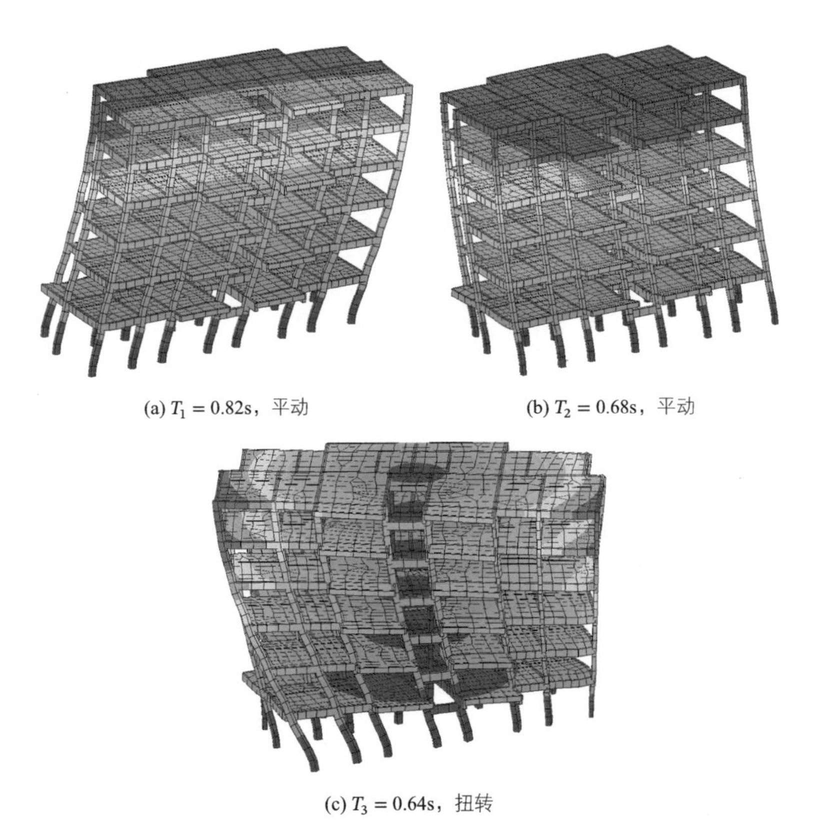

(a) $T_1 = 0.82$s，平动　(b) $T_2 = 0.68$s，平动

(c) $T_3 = 0.64$s，扭转

图 3.2.3-2　海螺沟管理局住宅前三阶振型

2. 位移响应

《建筑抗震设计标准》GB/T 50011—2010（2024 年版）规定框架结构的弹塑性层间位移角限值为 1/50。海螺沟管理局住宅各楼层层间位移角计算值如图 3.2.3-3（a）所示，最大层间位移角出现在一层，其X向和Y向均超出了弹塑性限值。图 3.2.3-3（b）为海螺沟管理局住宅的侧向刚度比计算值，侧向刚度比最小的楼层为一层，X向为 0.72、Y向为 0.73。

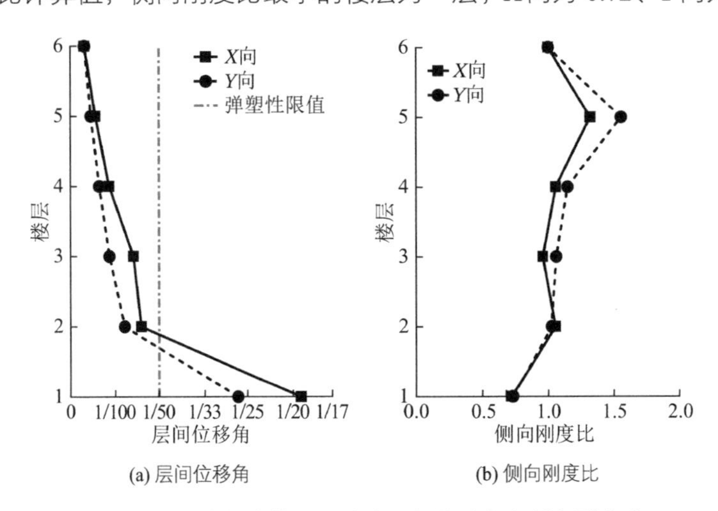

(a) 层间位移角　(b) 侧向刚度比

图 3.2.3-3　海螺沟管理局住宅层间位移角和侧向刚度比

现场实测了一层两根柱子每延米长度的侧向位移，其中测点 2 柱子仅有X向实测值，如图 3.2.3-4 所示。其中测点 1 的X向位移角为 1/24（实测值为 1/25）、Y向位移角为 1/64（实测值为 1/50），测点 2 的X向位移角为 1/23（实测值为 1/23）、Y向位移角为 1/39（无实测值），可知测点 1 和测点 2 的模拟结果与实测侧向位移较为接近。

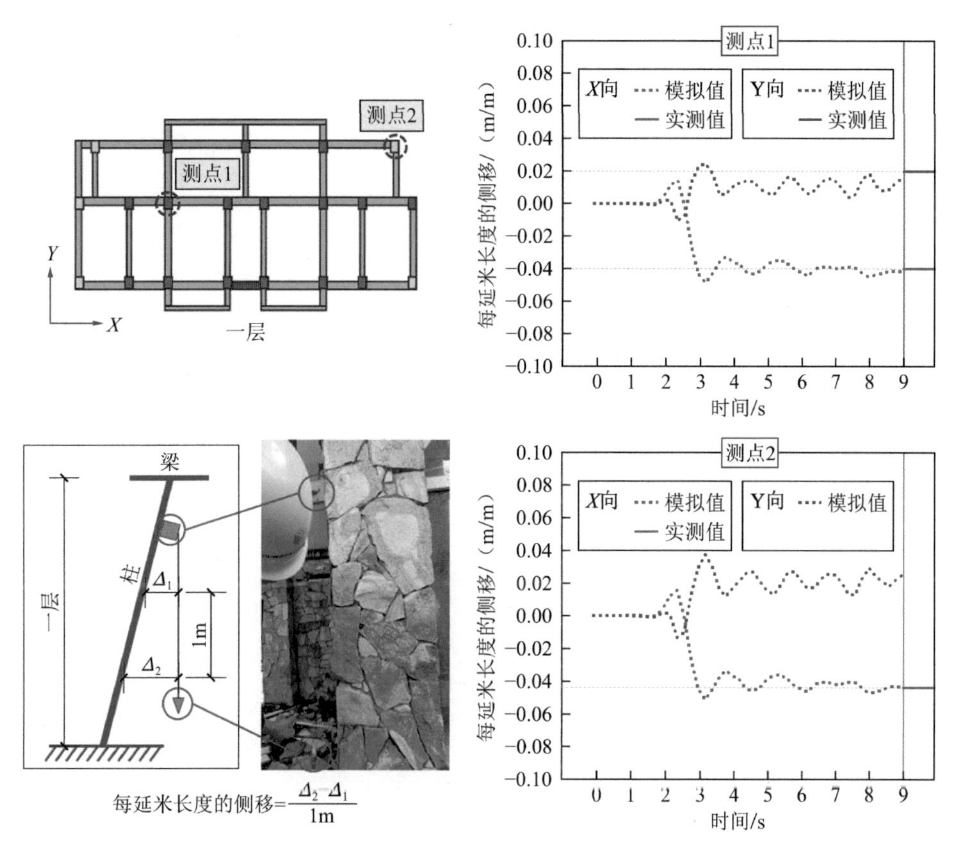

图 3.2.3-4　海螺沟管理局住宅一层柱实测和模拟侧向位移对比

3. 损伤分析

海螺沟管理局住宅混凝土受压损伤以及钢筋塑性应变模拟结果如图 3.2.3-5、图 3.2.3-6 所示。柱、梁最大受压损伤因子分别为 0.855 和 0.390，最大钢筋塑性应变值分别为 0.0335 和 0.0098。柱混凝土的受压损伤占比以及受压损伤程度高于梁，柱钢筋发生塑性变形的比例同样明显高于梁。由图 3.2.3-6（a）可知，海螺沟管理局住宅一层柱钢筋产生了塑性变形，其余楼层柱钢筋基本无塑性变形，一层柱混凝土受压损伤程度也高于其他楼层。综合混凝土受压损伤以及钢筋塑性应变情况可知，海螺沟管理局住宅一层损伤程度明显高于上部楼层，这与实际震害相符。

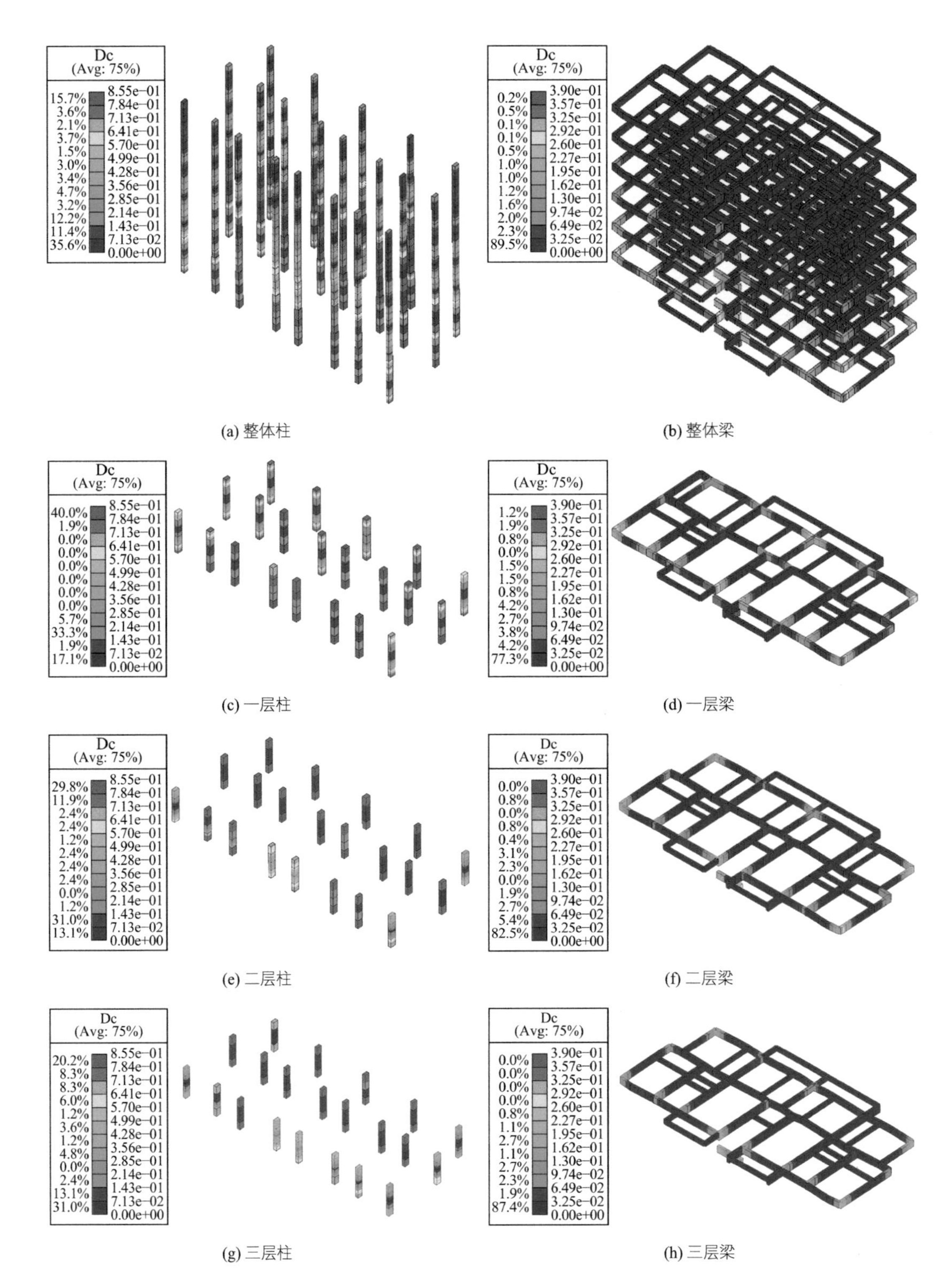

(a) 整体柱 (b) 整体梁

(c) 一层柱 (d) 一层梁

(e) 二层柱 (f) 二层梁

(g) 三层柱 (h) 三层梁

图 3.2.3-5 海螺沟管理局住宅混凝土受压损伤

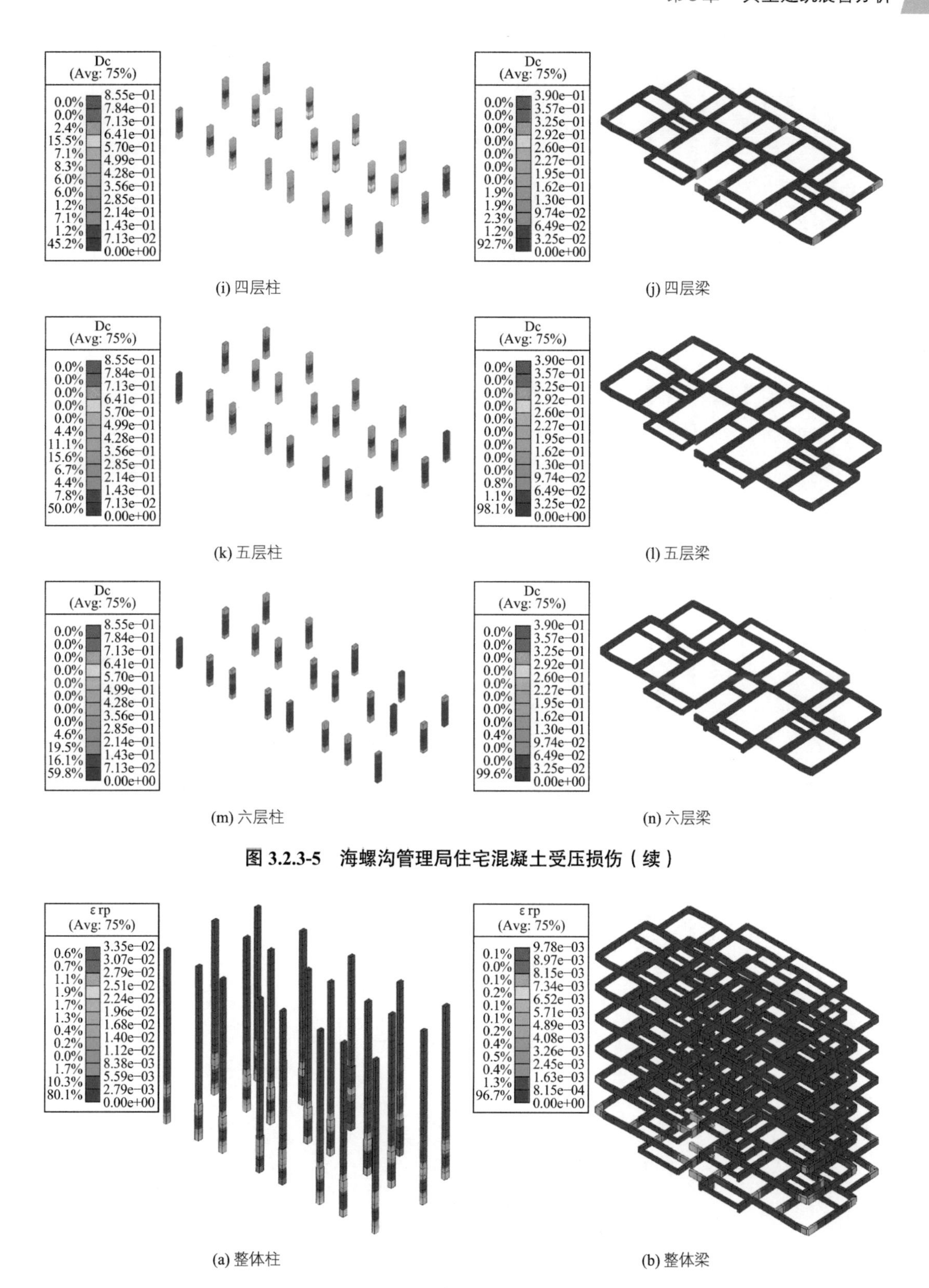

(i) 四层柱　　(j) 四层梁

(k) 五层柱　　(l) 五层梁

(m) 六层柱　　(n) 六层梁

图 3.2.3-5　海螺沟管理局住宅混凝土受压损伤（续）

(a) 整体柱　　(b) 整体梁

图 3.2.3-6　海螺沟管理局住宅钢筋塑性应变

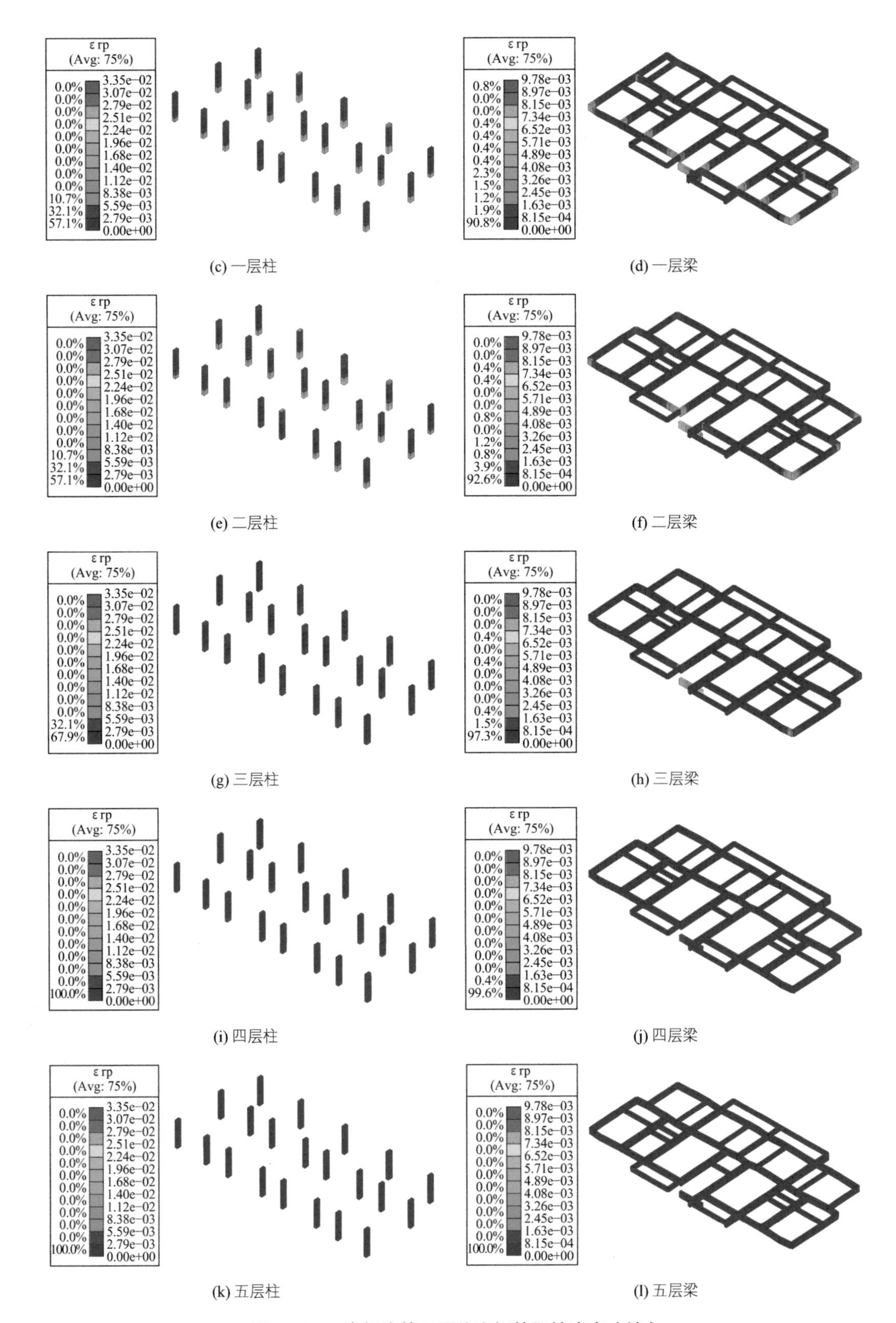

图 3.2.3-6　海螺沟管理局住宅钢筋塑性应变（续）

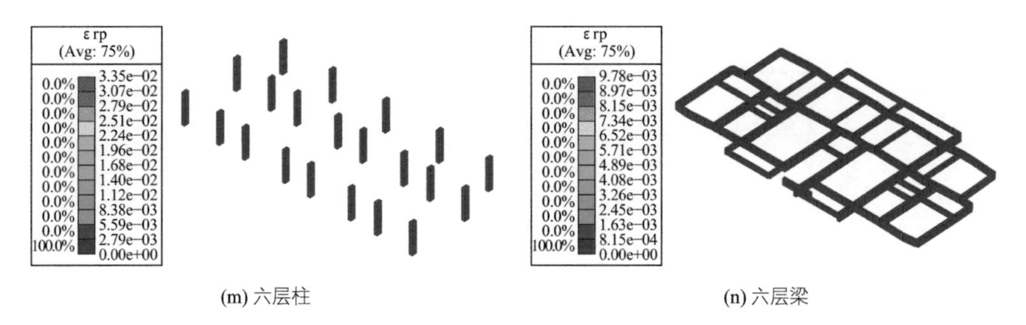

(m) 六层柱　　(n) 六层梁

图 3.2.3-6　海螺沟管理局住宅钢筋塑性应变（续）

3.3　金山花园

3.3.1　工程概况

金山花园按《建筑抗震设计规范》GB 50011—2010 设计，抗震设防烈度 8 度，设计基本地震加速度 0.20g，地震分组第二组，场地类别Ⅱ类，特征周期 0.40s。该建筑地上 9 层、地下 1 层；地下一层为车库，层高 3.9m；一、二层为商业，层高 4.2m、3.9m；三至九层为酒店式公寓，层高 3.0m；室内外高差约 0.1m，房屋高度 29.2m；采用钢筋混凝土框架结构，砌体填充墙。梁、柱、楼板、填充墙材料见表 3.3.1-1，结构平面布置见图 3.3.1-1。填充墙采用页岩空心砖和混凝土空心砖，布置方式与海螺沟管理局住宅类似，作为商业的一、二层仅外围布置填充墙，三至九层有大量砌体内隔墙。

金山花园材料表　　**表 3.3.1-1**

基本信息		梁	柱	楼板
主要截面尺寸/mm		200 × 700 250 × 600	600 × 600 800 × 800	100
材料	钢筋	Φ（φ）	Φ（φ）	φ^{R}
	混凝土	C35	C30	C30
	填充墙	页岩空心砖、混凝土空心砖		

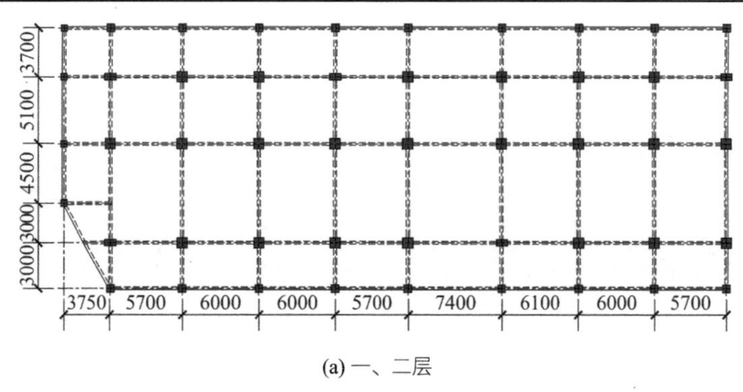

(a) 一、二层

图 3.3.1-1　金山花园结构平面布置图

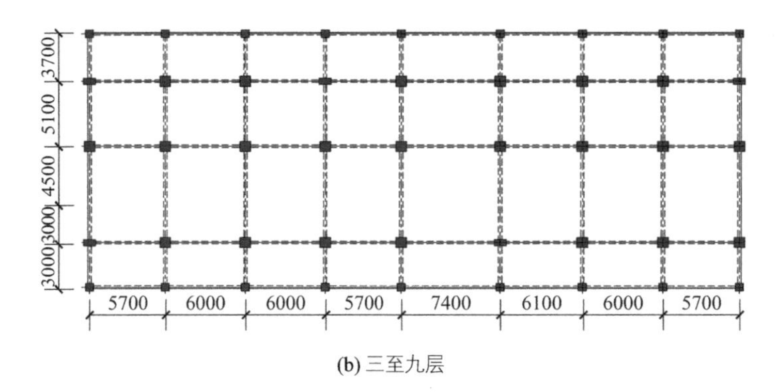

(b) 三至九层

图 3.3.1-1　金山花园结构平面布置图（续）

3.3.2　震害描述与分析

图 3.3.2-1 为金山花园震后概貌，主体结构未发生严重破坏，破坏集中于一、二层，上部未见明显破坏。框架柱破坏程度轻微，主要表现为柱端混凝土脱落及面层砂浆开裂，如图 3.3.2-2（a)、(b）所示。框架梁破坏比较明显，大量框架梁梁端发生弯剪破坏，梁端下方混凝土被压碎脱落，同时该区域有斜向上发展的裂纹，如图 3.3.2-2（c）～（f）所示。该建筑产生典型的强柱弱梁破坏。大部分楼层填充墙均未出现严重破坏，页岩空心砖填充墙的破坏形式为剪切破坏和倒塌，如图 3.3.2-3（a)、(b）所示；混凝土空心砖填充墙的破坏程度较页岩空心砖填充墙轻微，主要破坏形式为砌体间的错动裂纹，如图 3.3.2-3（c）所示，并未产生遍布整面的斜裂缝和整体倒塌，推测是混凝土空心砖强度比页岩空心砖高所致。

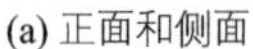

(a) 正面和侧面

(b) 背面

图 3.3.2-1　金山花园震后概貌

(a) 柱端混凝土脱落

(b) 柱面层砂浆开裂

(c) 梁端破坏 1

(d) 梁端破坏 2

(e) 梁端破坏 3

(f) 梁端破坏 4

图 3.3.2-2　金山花园结构构件破坏

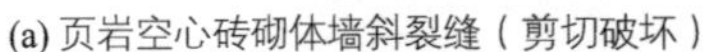

(a) 页岩空心砖砌体墙斜裂缝（剪切破坏）

(b) 页岩空心砖砌体墙倒塌

(c) 混凝土空心砖砌体间裂纹

图 3.3.2-3 金山花园填充墙破坏

我国抗震标准的设计理念为强柱弱梁，目的是保证结构有更好的延性和抗倒塌能力。但是，历次地震中鲜见强柱弱梁的破坏模式，几乎都是强梁弱柱的破坏模式。本次地震中，金山花园发生了标准的强柱弱梁破坏。和海螺沟管理局住宅项目相比，该项目的柱截面相较于梁截面尺寸大很多，经过计算，当柱端按材料强度设计值而梁端按材料强度标准值计算受弯承载力时，多数节点的柱端受弯承载力与梁端的比值大于抗震标准规定的 1.2，因此更容易实现梁端屈服机制。梁端屈服更有利于结构内力的重分配，让更多构件参与耗能。同时，填充墙因自身材料特点，在大变形下容易产生开裂和破坏。研究表明（HUANG，2016），框架结构中因填充墙开裂和墙身材料脱落而耗散的能量可达总输入能量的 20%以上。综上，强柱弱梁的破坏模式让更多的结构构件参与耗能，同时填充墙的破坏耗散了大量的地震能量，进一步减轻了主体结构的震害。

3.3.3 地震动响应分析

1. 计算模型

根据竣工资料和现场实测资料，采用 SAUSAGE 建立金山花园的结构模型。梁、柱采用纤维模型，楼板采用非线性分层壳单元，填充墙被简化为作用在梁上的线荷载，模型如图 3.3.3-1 所示，得到前三阶振型及对应的周期见图 3.3.3-2。

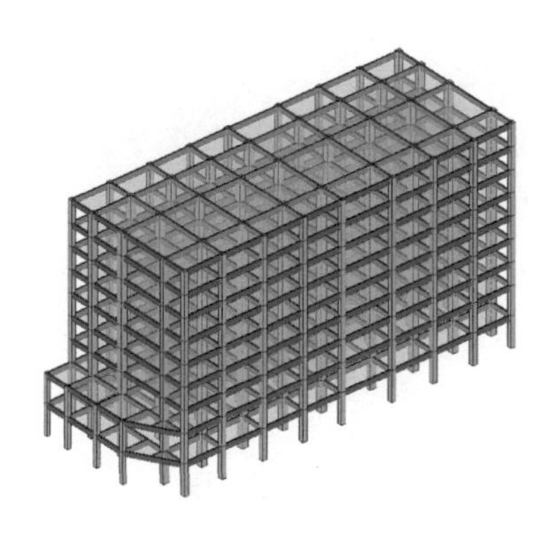

图 3.3.3-1　金山花园 SAUSAGE 模型

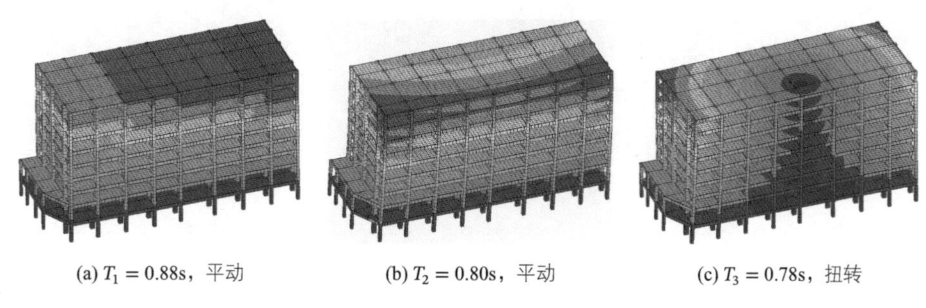

(a) $T_1 = 0.88\text{s}$，平动　　(b) $T_2 = 0.80\text{s}$，平动　　(c) $T_3 = 0.78\text{s}$，扭转

图 3.3.3-2　金山花园前三阶振型

2. 位移响应

《高层建筑混凝土结构技术规程》JGJ 3—2010 规定框架结构的弹塑性层间位移角限值为 1/50。金山花园各楼层层间位移角计算值如图 3.3.3-3（a）所示，最大值在四层，各楼层层间位移角均小于弹塑性限值。金山花园各楼层侧向刚度比计算值如图 3.3.3-3（b）所示，X向和Y向侧向刚度比最小的楼层为二层，X向为 0.74、Y向为 0.76。

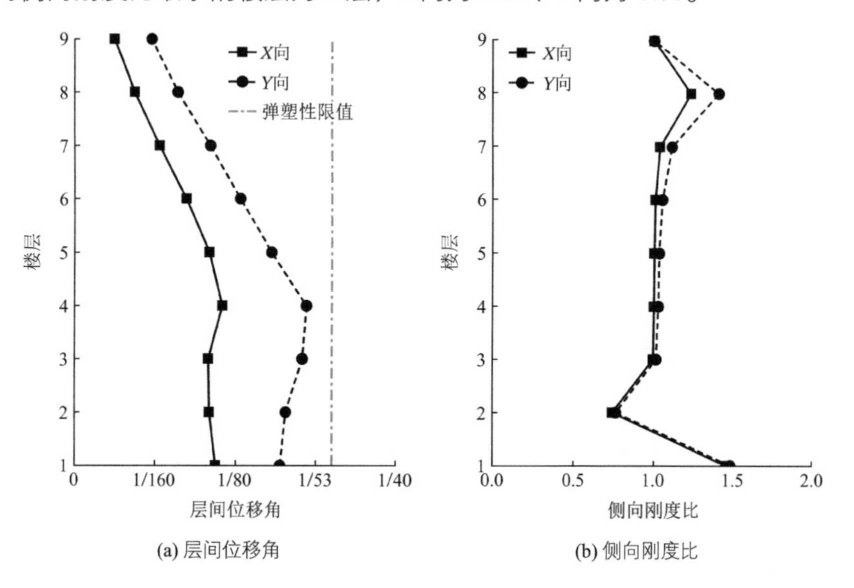

(a) 层间位移角　　(b) 侧向刚度比

图 3.3.3-3　金山花园层间位移角和侧向刚度比

3. 损伤分析

金山花园混凝土受压损伤以及钢筋塑性应变如图 3.3.3-4、图 3.3.3-5 所示。柱、梁最大受压损伤因子分别为 0.853 和 0.823，最大钢筋塑性应变值分别为 0.0173 和 0.0108。各楼层梁和柱均有一定数量的混凝土单元处于高压缩损伤状态，梁和柱钢筋塑性发展的单元主要集中于中下部楼层，梁和柱钢筋发生屈服的单元数量相当。总体上看，混凝土压缩损伤以及钢筋塑性发展较严重部位为柱端和梁端，柱损伤程度与梁相近。

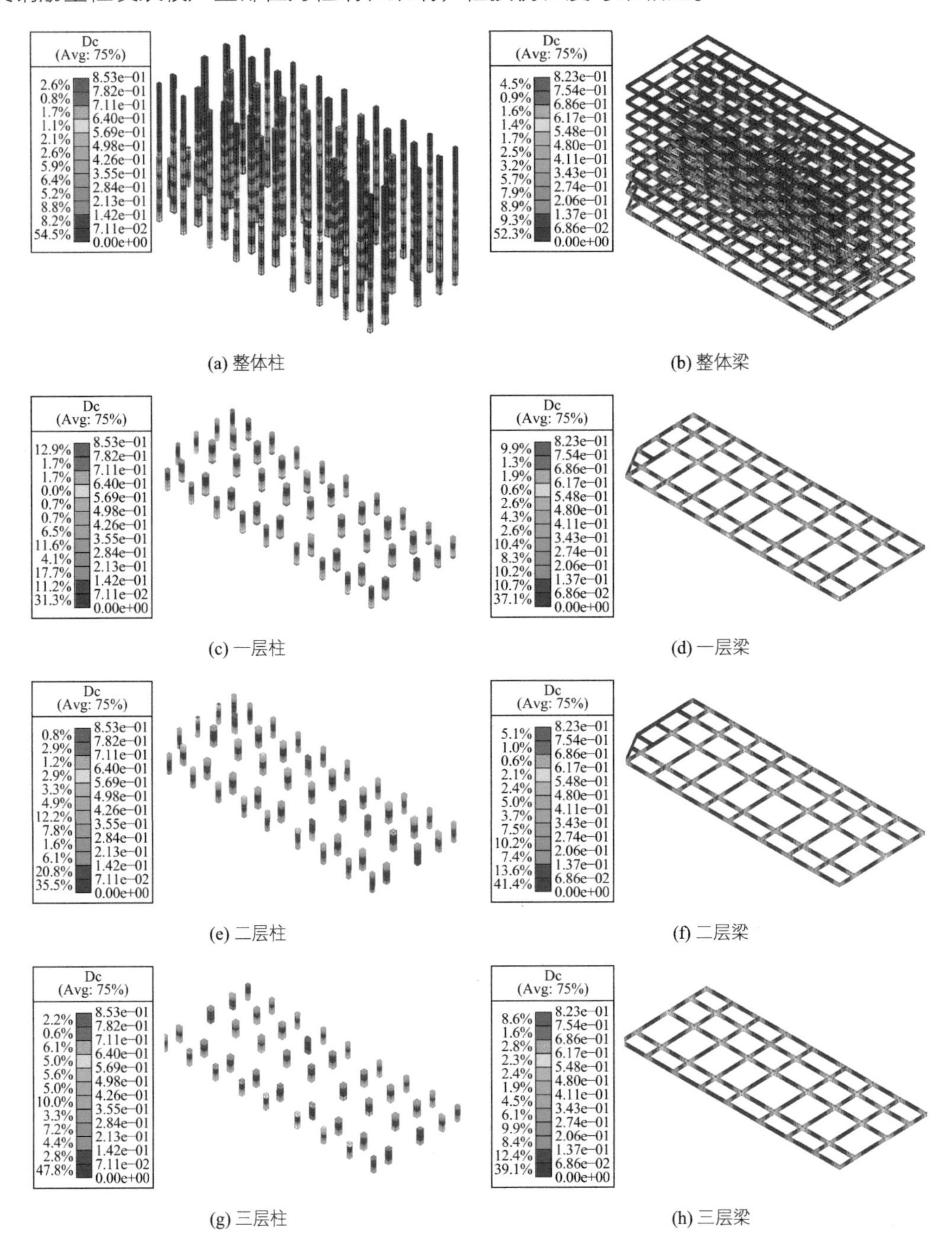

图 3.3.3-4 金山花园混凝土受压损伤

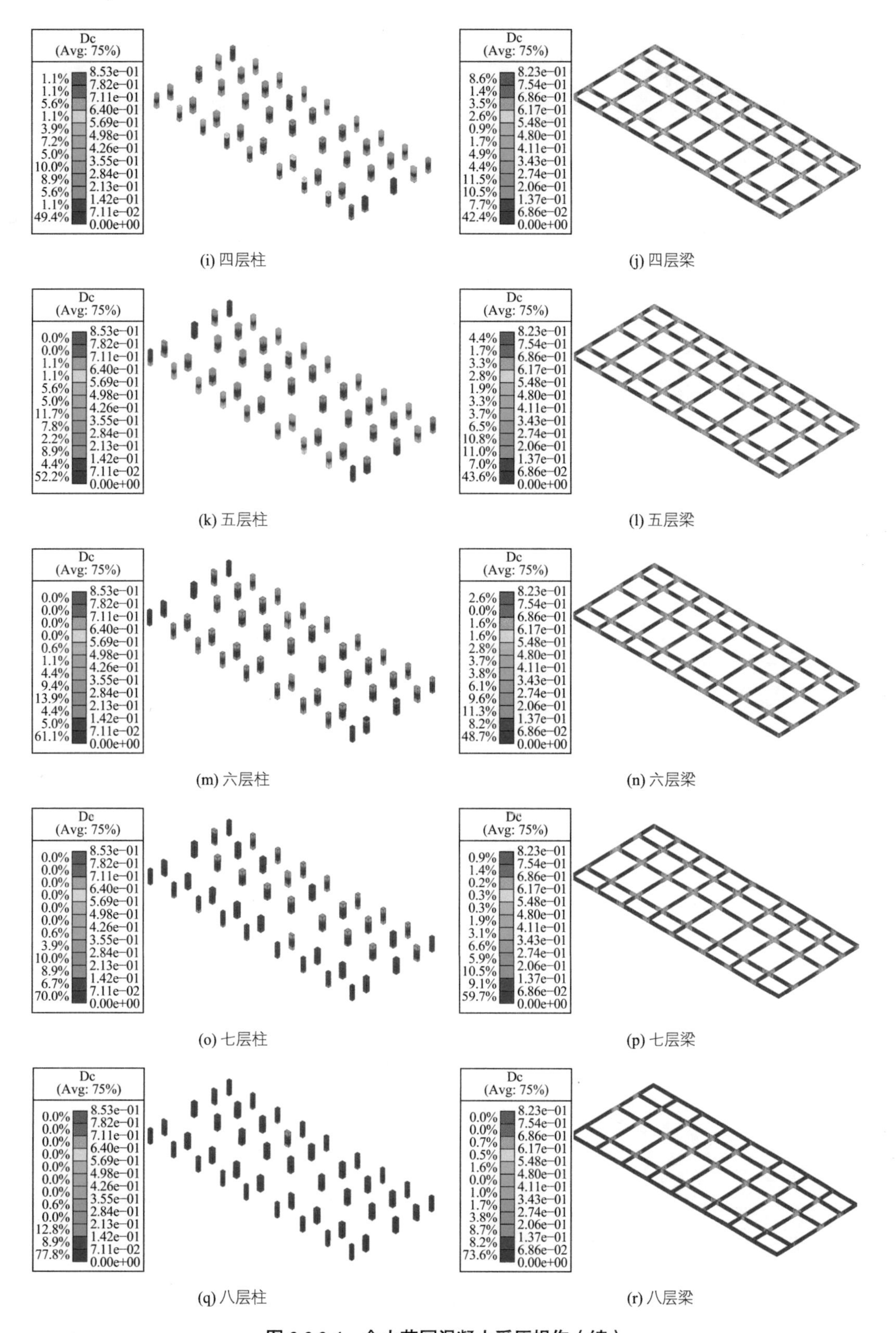

(i) 四层柱　(j) 四层梁

(k) 五层柱　(l) 五层梁

(m) 六层柱　(n) 六层梁

(o) 七层柱　(p) 七层梁

(q) 八层柱　(r) 八层梁

图 3.3.3-4　金山花园混凝土受压损伤（续）

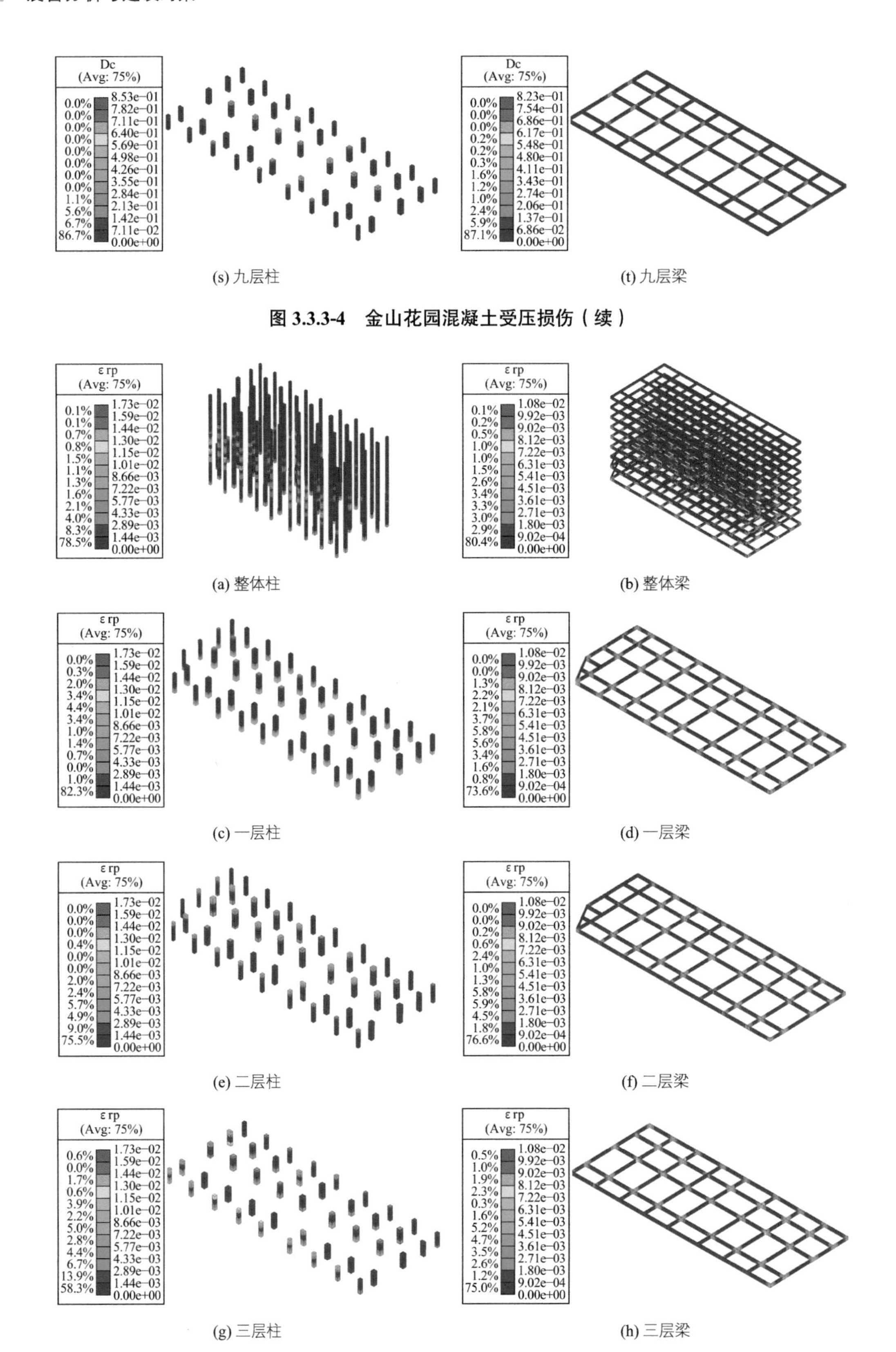

(s) 九层柱 (t) 九层梁

图 3.3.3-4 金山花园混凝土受压损伤（续）

(a) 整体柱 (b) 整体梁

(c) 一层柱 (d) 一层梁

(e) 二层柱 (f) 二层梁

(g) 三层柱 (h) 三层梁

图 3.3.3-5 金山花园钢筋塑性应变

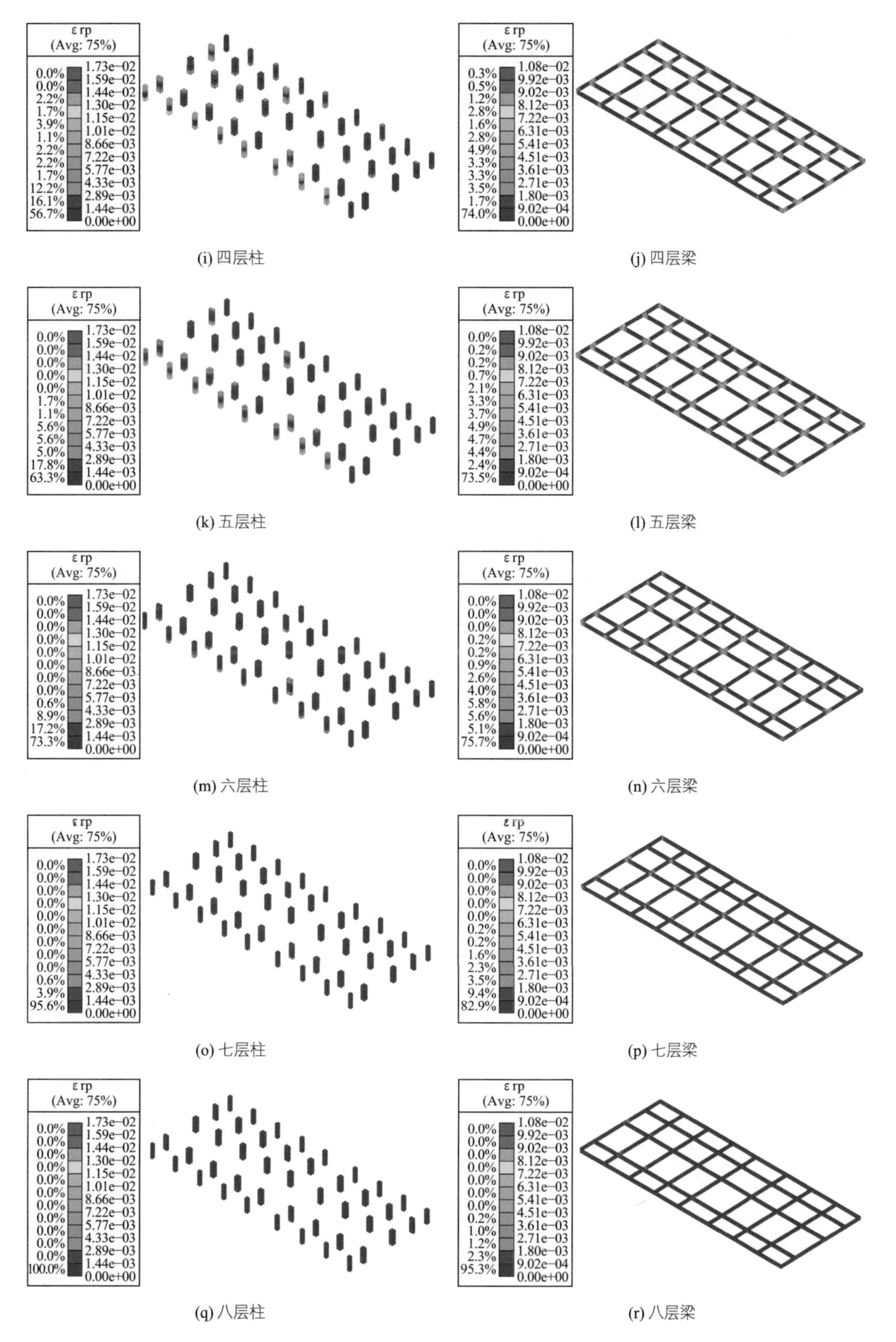

(i) 四层柱　(j) 四层梁

(k) 五层柱　(l) 五层梁

(m) 六层柱　(n) 六层梁

(o) 七层柱　(p) 七层梁

(q) 八层柱　(r) 八层梁

图 3.3.3-5　金山花园钢筋塑性应变（续）

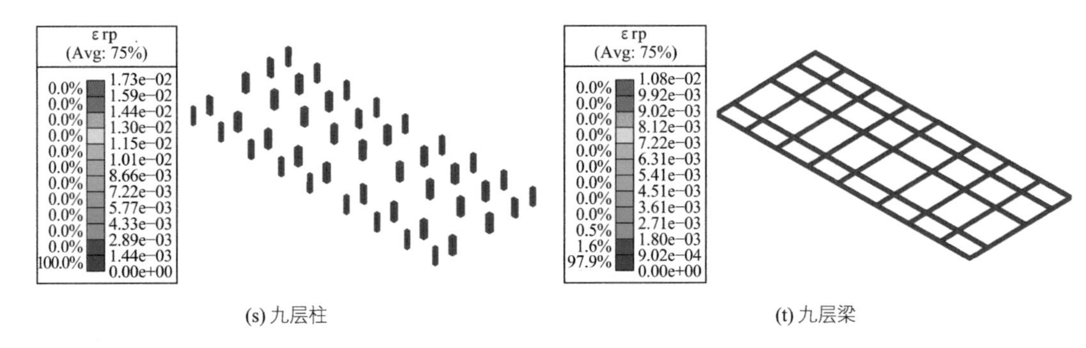

(s) 九层柱 (t) 九层梁

图 3.3.3-5　金山花园钢筋塑性应变（续）

金山花园的主要震害表现为梁端损伤，柱端损伤较轻，与计算结果有差异。推测为填充墙对结构整体力学行为的影响十分复杂，而计算模型无法精确考虑填充墙的作用。

3.4　磨西博物馆

3.4.1　工程概况

撰写组未搜集到磨西博物馆的结构设计资料。根据现场实测资料，该建筑共三栋，其中两栋结构布置完全一致，相距约 80m。本节介绍、分析的为靠近台地边缘的一栋，该栋在地震中出现了很严重的结构破坏。该建筑无地下室，地上 2 层，一、二层层高分别为 4.8m、4.1m，室内外高差约 0.3m，房屋总高度 9.2m，采用钢筋混凝土框架结构，砌体填充墙。梁、柱、楼板、填充墙材料见表 3.4.1-1，结构平面布置见图 3.4.1-1。磨西博物馆由于建筑功能及效果需求，仅在外围布置填充墙，且填充墙采用黏土实心砖和块石。

磨西博物馆材料表　　　　**表 3.4.1-1**

基本信息		梁	柱	楼板
主要截面尺寸/mm		300 × 900	500 × 500	150
材料	钢筋	Φ（Φ）	Φ（Φ）	Φ
	混凝土	C45	C40	C40
	填充墙	黏土实心砖、块石		

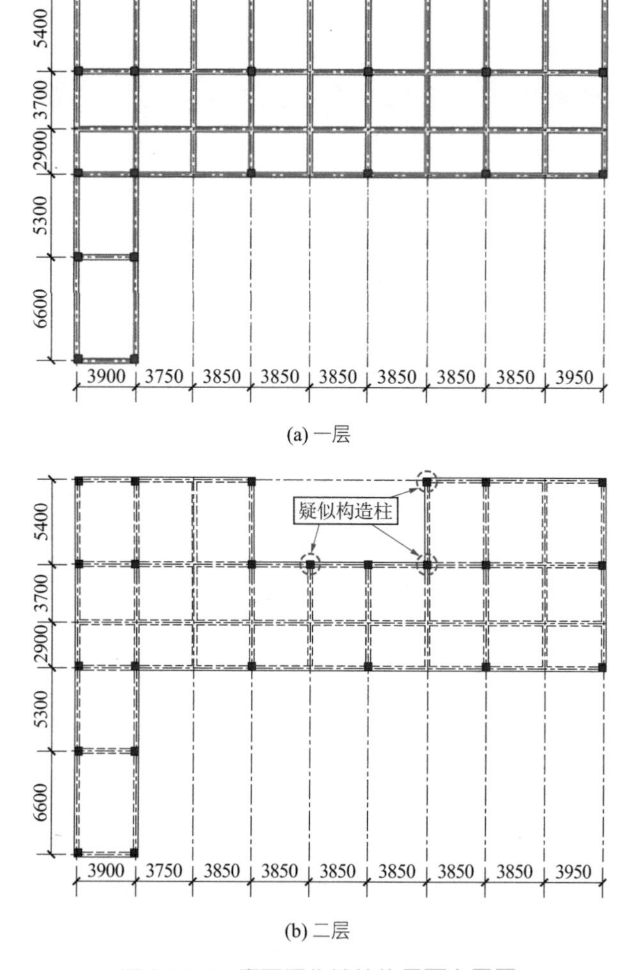

(a) 一层

(b) 二层

图 3.4.1-1 磨西博物馆结构平面布置图

磨西博物馆为仿藏式风格框架结构，在梁端部布置有仿古雀替。实地勘测表明，雀替内部上端有两根平行于梁纵向的钢筋，且钢筋布置随意，如图 3.4.1-2（a）所示。雀替宽度与梁宽相同，在梁长度方向的尺寸约 1000mm，靠近柱端的高度约 650mm，沿梁长逐渐减小到约 150mm，如图 3.4.1-2（b）所示。

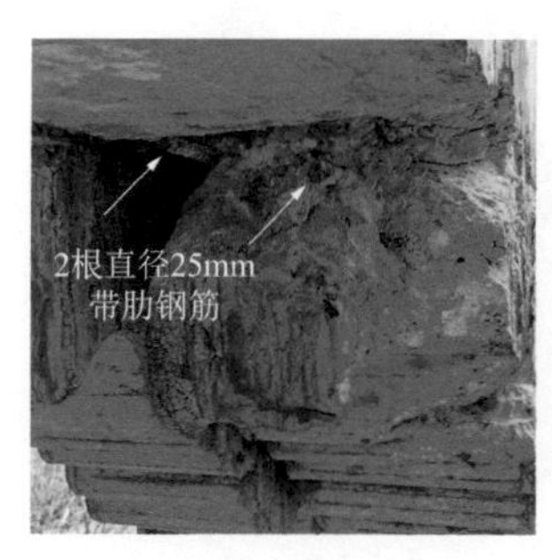

(a) 雀替处配筋

(b) 雀替尺寸

图 3.4.1-2 磨西博物馆雀替构造

3.4.2　震害描述与分析

图 3.4.2-1 为磨西博物馆临台地边沿一栋的震后概貌，结构主要破坏形式为一层柱头或柱脚剪断并发生倾斜，上部楼层随一层倾斜产生整体侧移。一层柱破坏形式如图 3.4.2-2 所示，主要有两种典型的破坏形式：第一种破坏形式为柱混凝土压碎，钢筋呈“灯笼状”破坏，如图 3.4.2-2（a）、（b）所示；第二种破坏形式为柱混凝土剪碎，在剪切部位可发现柱纵筋同时发生了外凸的压屈破坏现象，如图 3.4.2-2（c）、（d）所示。

图 3.4.2-1　磨西博物馆震后概貌

(a) 一层柱（一）

(b) 一层柱（二）

(c) 一层柱（三）

(d) 一层柱（四）

图 3.4.2-2　磨西博物馆一层柱破坏形式

一层柱严重破坏，而梁并无明显破坏，属于典型的强梁弱柱破坏；二层结构无明显破坏。据分析，该建筑处于台地边沿，属于抗震不利位置，地震作用有明显放大，同时，该建筑一层层高大于二层，结构下柔上刚。和金山花园相比，梁截面尺寸相对于柱截面尺寸较大，同时雀替对梁端有加强作用，梁端部承载力被提高，柱有效长度减小且截面突变，雀替下方的柱头截面为危险截面。

另根据现场实测，柱端箍筋间距约 200mm，如图 3.4.2-2（d）所示，柱端箍筋未加密且为光圆钢筋，箍筋不能有效约束柱纵筋和内部的混凝土，混凝土压碎后导致纵筋裸露，进而引起柱纵筋压屈。此外，在一层柱头剪切破坏部位，发现多根柱子的水平剪切面平整光滑，应为施工缝处理不当，导致该处的受剪承载力大幅降低，如图 3.4.2-3 所示。

多种因素的叠加，造成磨西博物馆一层柱破坏严重。

(a) 疑似施工缝 1

(b) 疑似施工缝 2

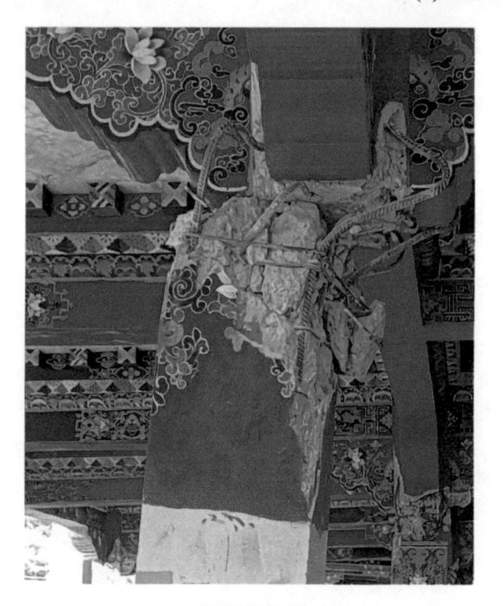

(c) 疑似施工缝 3

图 3.4.2-3　柱端雀替处疑似施工缝

3.4.3 地震动响应分析

1. 计算模型

由图 3.4.2-3 推测，磨西博物馆在雀替下方的柱端疑为施工缝，该处截面震害表现为破坏面平整光滑。为探究施工缝在地震中对结构的影响，针对磨西博物馆中的两榀框架，采用 ABAQUS 建立精细化有限元模型，构件截面尺寸、配筋及材料性能采用现场实测数据，如图 3.4.3-1 所示。

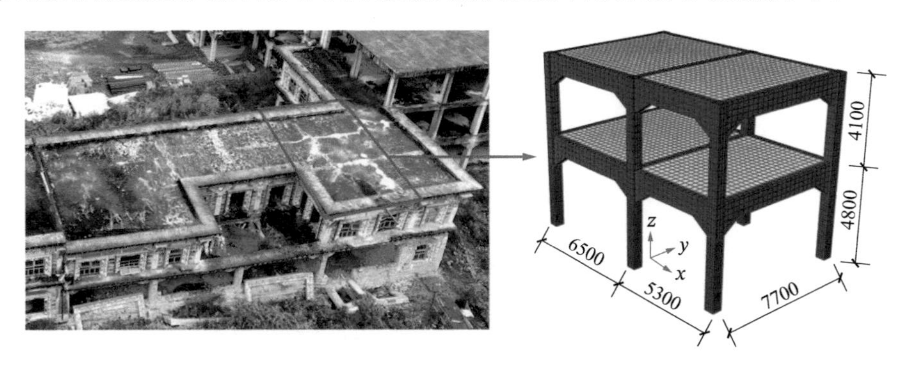

图 3.4.3-1 磨西博物馆有限元模型

混凝土采用 8 节点线性缩减积分单元 C3D8R，柱主筋采用考虑剪切变形的两节点线性梁单元 B31，其余钢筋采用两节点线性桁架单元 T3D2；采用 ABAQUS 自带的嵌入（Embedded）属性模拟钢筋和混凝土之间的相互作用。楼板采用约束刚体建模。混凝土采用塑性损伤模型（CDP），应力应变关系采用《混凝土结构设计标准》GB/T 50010—2010（2024 年版）中的单轴拉压本构。钢筋采用线性强化弹塑性模型，钢筋屈服后的强化阶段弹性模量取值为 $0.01E_s$。施工缝在模型中被简化为摩擦接触面，在雀替下方设置接触面使柱混凝土断开，接触面法向采用硬接触（Hard Contact），切向属性采用“罚”（Penalty）函数，摩擦系数μ取值为 0.6（章一萍，2015；邓艾，2018）。下文将无施工缝模型命名为 FW，有施工缝模型命名为 FS。

两个模型前三阶振型及对应的周期见图 3.4.3-2、图 3.4.3-3。模型 FW 无施工缝、整体性更强，较模型 FS 刚度更大。两个模型前三阶振型相似，但周期存在差异，说明这种未经处理的施工缝对结构整体刚度的影响不可忽视。

(a) $T_1 = 0.159$s，平动 (b) $T_2 = 0.159$s，平动 (c) $T_3 = 0.125$s，扭转

图 3.4.3-2 磨西博物馆有限元模型 FW 前三阶振型

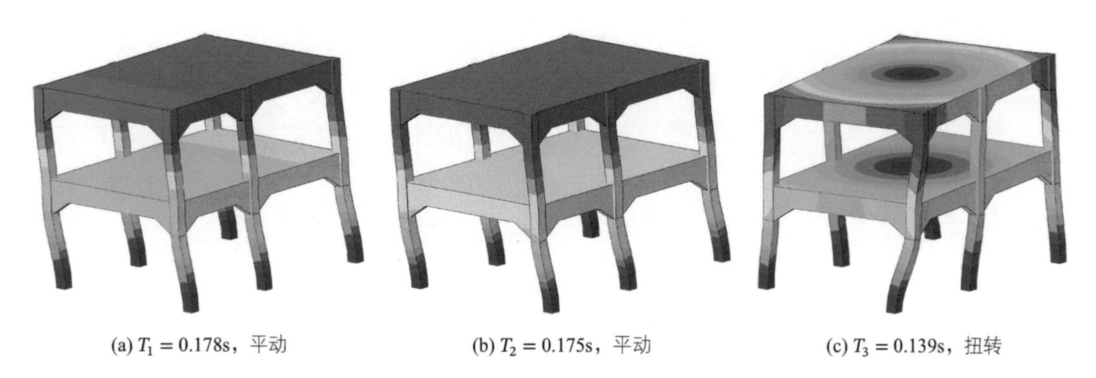

(a) $T_1 = 0.178$s，平动　(b) $T_2 = 0.175$s，平动　(c) $T_3 = 0.139$s，扭转

图 3.4.3-3　磨西博物馆有限元模型 FS 前三阶振型

2. 损伤分析

图 3.4.3-4 与图 3.4.3-5 分别为无施工缝模型 FW 混凝土损伤与钢筋应变演化过程。初期一层柱脚混凝土出现轻微受压损伤，钢筋处于弹性阶段；中期一层柱头靠近雀替下方的混凝土损伤加剧，一层柱脚进入塑性阶段；后期一层柱全长以及二层柱脚混凝土受压损伤达到最大，一层大部分钢筋进入塑性阶段。

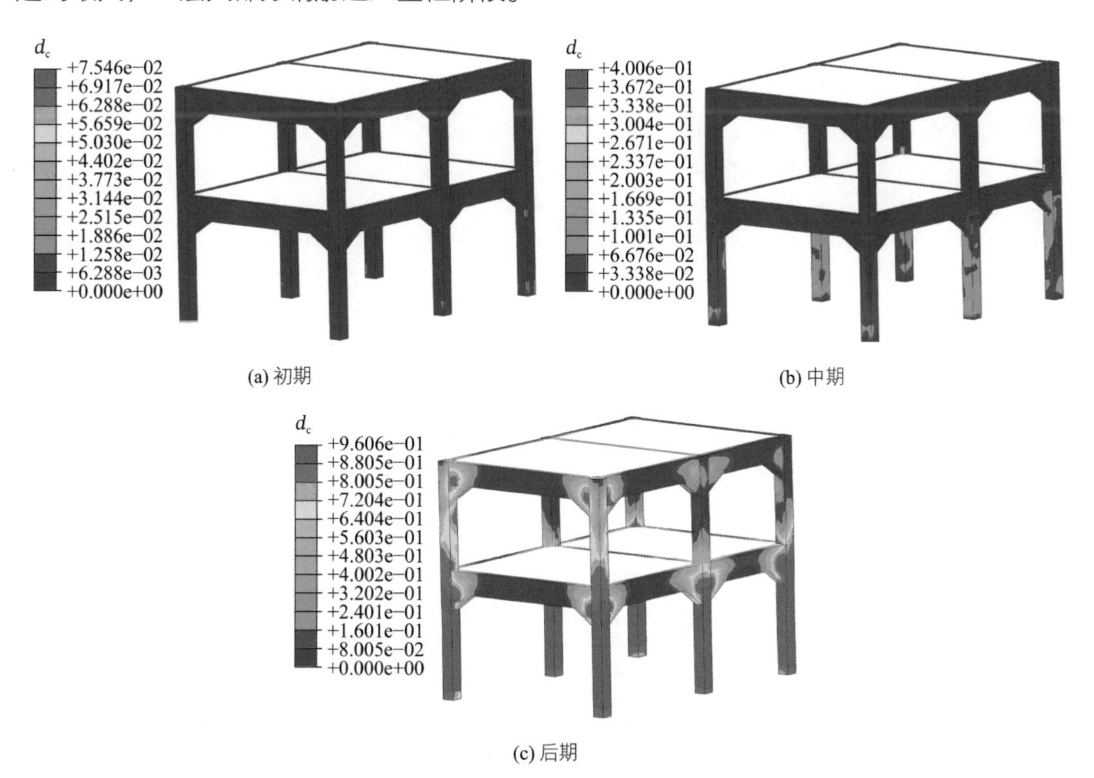

(a) 初期　(b) 中期　(c) 后期

图 3.4.3-4　FW 混凝土压缩损伤

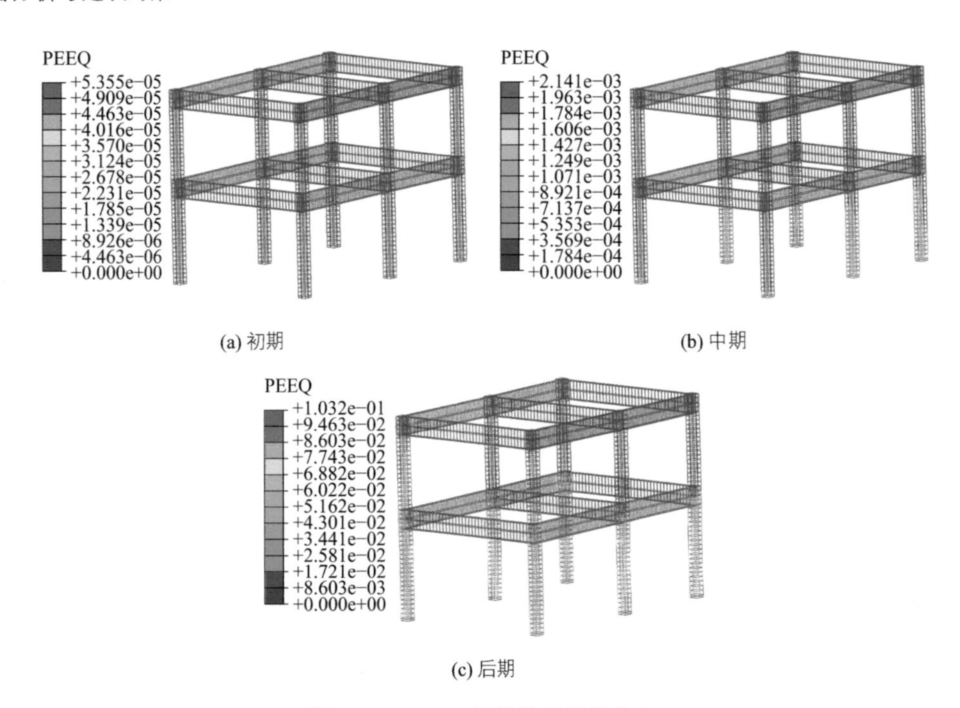

(a) 初期 (b) 中期

(c) 后期

图 3.4.3-5　FW 钢筋等效塑性应变

图 3.4.3-6 与图 3.4.3-7 所示分别为有施工缝模型 FS 混凝土损伤与钢筋应变演化过程。初期一层柱脚混凝土出现轻微受压损伤，一层柱脚钢筋进入塑性；中期一层柱头靠近雀替下方的混凝土损伤加剧，一层柱脚钢筋进入塑性的情况进一步发展；后期一层柱混凝土损伤严重，一层柱雀替下方的钢筋全部进入塑性且集中于该区域。

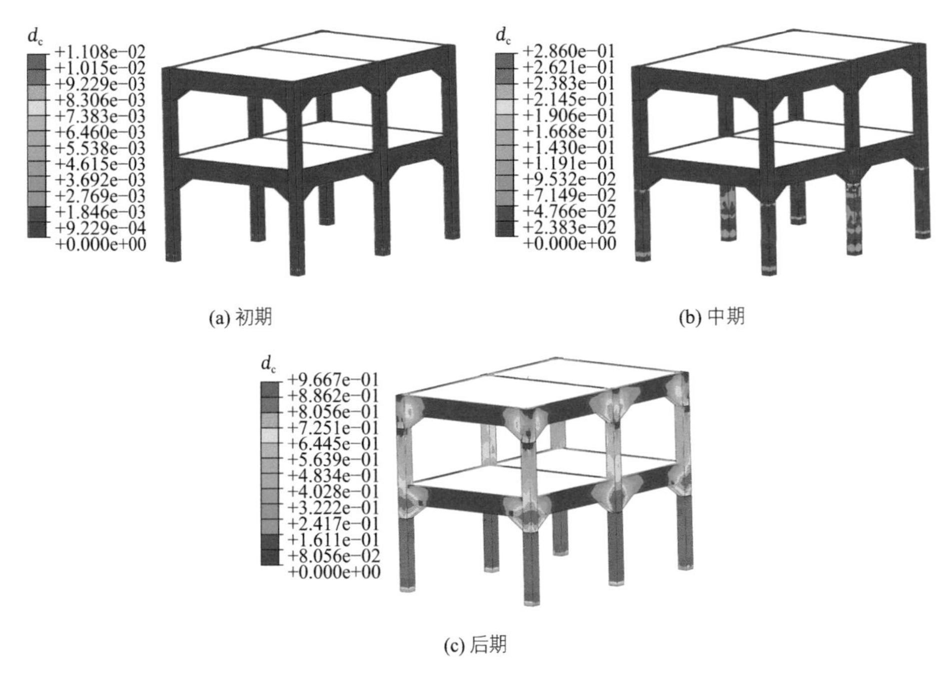

(a) 初期 (b) 中期

(c) 后期

图 3.4.3-6　FS 混凝土压缩损伤

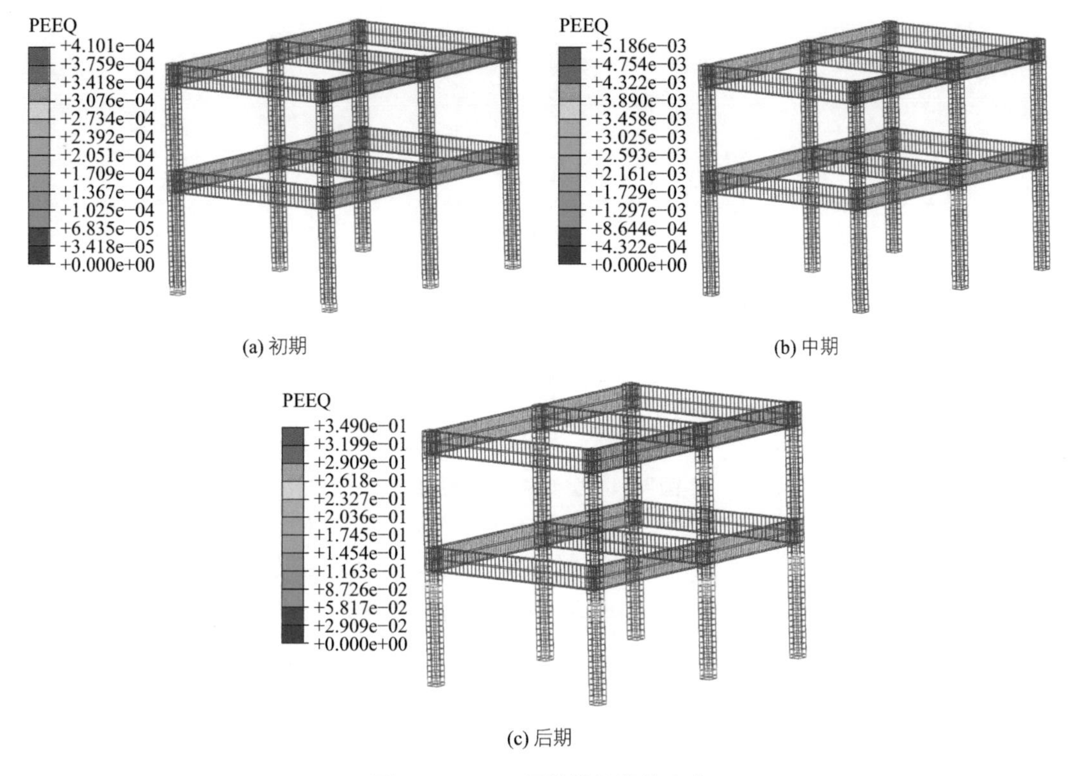

(a) 初期

(b) 中期

(c) 后期

图 3.4.3-7 FS 钢筋等效塑性应变

对比两个模型的损伤情况可知，无施工缝模型 FW 在一层柱及节点区的混凝土损伤更均匀，一层柱钢筋整体产生塑性应变，但最大值仅为 0.10。有施工缝模型 FS 的混凝土损伤以施工缝为界发生明显突变，而一层柱钢筋的塑性应变集中于施工缝区域，最大值达到了 0.35，远远高于无施工缝模型，未能充分发挥耗能作用。FS 的损伤主要集中于一层柱的施工缝附近，与实际震害相符，说明施工缝处理不当，会加重结构的破坏。

3.5 中国科学院磨西基地

3.5.1 工程概况

中国科学院磨西基地于 1987 年建站。该建筑为砌体结构，2019 年经过改造增加了一层，采用钢结构坡屋顶。原结构地上 3 层、无地下室，层高 3.0m，室内外高差约 0.3m，房屋高度 9.3m，东西向长度 32.4m，南北向宽度 11.4m，横墙开间 3.6m。墙体材料为 240mm 厚烧结普通砖，采用纵横墙承重体系，构造柱截面为 240mm × 240mm，标准层结构平面布置图如图 3.5.1-1 所示。

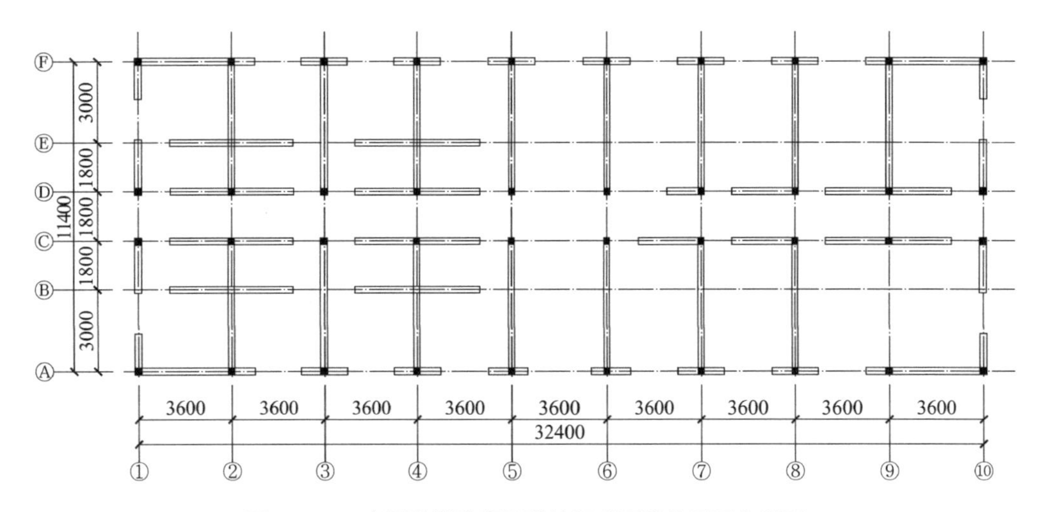

图 3.5.1-1　中国科学院磨西基地标准层结构平面布置图

中国科学院磨西基地破坏形式为一层整体垮塌，二、三层相对完好，一层承重墙是否存在削弱尚不可知。现场采用回弹法对砌块和砂浆的强度等级进行了抽样检测，结果表明，砖的强度等级约为 MU15，砂浆的强度等级约为 M2.5，材料存在一定程度的老化。

3.5.2　震害描述与分析

中国科学院磨西基地发生的破坏主要为一层整体倒塌、二层角部砌体局部破坏、屋顶加建的坡屋顶山墙出现严重破坏，整体及局部破坏形式如图 3.5.2-1 所示。其中一层的构造柱贯穿了二层楼板，突出楼面，景象触目惊心［图 3.5.2-1（h）］。建筑侧面有一加建钢框架楼梯与主体脱开，除与加建屋顶相连处发生破坏，其他位置未见明显变形与破坏。该建筑位于沿河谷的台地上，该台地高而陡。推测一层整体倒塌的原因，一是该建筑两侧均处于台地边缘，地形效应放大了地震作用；二是砂浆老化，强度较低，导致墙体抗震能力较差；另外，后期的改造是否对结构造成了不利影响不得而知。

(a) 一层整体倒塌（正面）

图 3.5.2-1　中国科学院磨西基地震害情况

(b) 加建钢梯与加建坡屋顶连接处破坏

(c) 加建钢梯与主体结构脱开

(d) 加建坡屋顶山墙破坏

(e) 一层砌体墙倒塌

(f) 二层角部构造柱破坏

(g) 室内混凝土楼梯破坏

(h) 一层构造柱贯穿二层楼板

(i) 三层未见明显破坏

图 3.5.2-1　中国科学院磨西基地震害情况（续）

3.5.3　地震动响应分析

1. 计算模型

根据现场实测资料，采用 SAP2000 建立该建筑的结构模型。楼板采用膜单元模拟，砌体考虑为均质材料，并使用分层壳单元模拟砌体墙。砌体的受压本构关系采用杨卫忠提出的本构模型（杨卫忠，2008），受拉本构关系基于混凝土受拉本构进行简化，材料强度采用实测强度值，线膨胀系数取 $5 \times 10^{-6}/℃$。弹性模量按照式(3.5.3-1)进行计算，泊松比取为 0.15。

$$E = 370 f_c \sqrt{f_c} \tag{3.5.3-1}$$

式中：f_c——砌体的轴心抗压强度平均值。

砂浆的受拉本构关系简化为两直线模型（刘桂秋，2005），弹性模量和受压本构关系分别按照式(3.5.3-2)和式(3.5.3-3)进行计算，泊松比取为 0.167。

$$E_m = 1057 f_m^{0.84} \tag{3.5.3-2}$$

$$\frac{\sigma}{f_m} = -0.93\left(\frac{\varepsilon}{\varepsilon_{p,m}}\right)^2 + 1.91\frac{\varepsilon}{\varepsilon_{p,m}} \tag{3.5.3-3}$$

式中：E_m——砂浆的弹性模量；

f_m——砂浆的抗压强度；

$\varepsilon_{p,m}$——砂浆的受压峰值应变。

砌体墙厚度均为 240mm，圈梁截面 240mm × 400mm，构造柱截面 240mm × 240mm。构造柱和圈梁采用 C20 混凝土，混凝土密度 2400kg/m³，纵筋采用 HRB335 级钢筋，箍筋采用 HPB300 级钢筋，钢筋密度 7800kg/m³。最终建立的砌体结构有限元模型如图 3.5.3-1 所示。

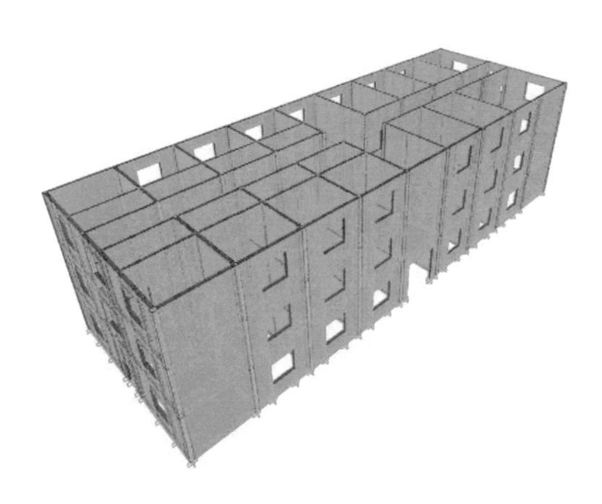

图 3.5.3-1　中国科学院磨西基地 SAP2000 模型

采用特征向量法进行该结构的模态分析，得到前三阶振型及对应的周期见图 3.5.3-2，可以看出，该结构的前两阶振型均为平动。

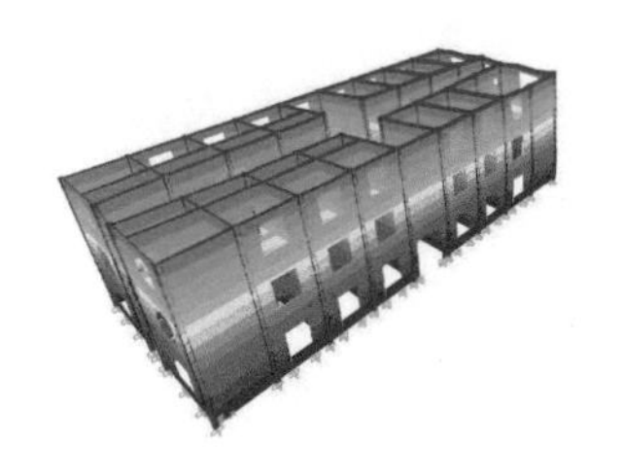

(a) $T_1 = 0.418$s，Y向平动

(b) $T_2 = 0.382$s，X向平动

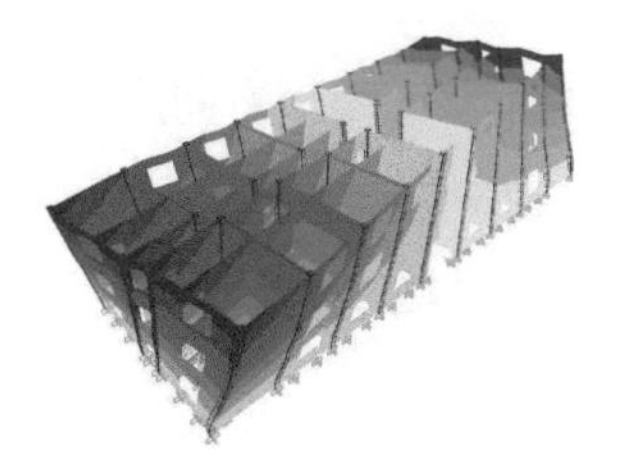

(c) $T_3 = 0.305$s，扭转

图 3.5.3-2　中国科学院磨西基地前三阶振型

2. 位移响应

在本章所选地震波的作用下，中国科学院磨西基地层间位移较大，最大层间位移出现在一层，达到 61.87mm，二、三层最大层间位移分别为 30.52mm、17.23mm。得到各层最大弹塑性层间位移角见表 3.5.3-1。

中国科学院磨西基地各楼层最大弹塑性层间位移角　　表 3.5.3-1

楼层	最大层间位移/mm	最大层间位移角	产生时刻/s
1	61.87	1/48	13.3
2	30.52	1/99	12.5
3	17.23	1/175	12.7

由表 3.5.3-1 可以看出，采用图 3.1.2-1 的时程曲线，在 12.5s 时刻，NS 方向 PGA 达到峰值 490.34cm/s^2，此时二层出现最大层间位移 30.52mm；在 12.7s 时刻，UD 方向 PGA 达到峰值 643.86cm/s^2，此时二层出现最大层间位移 17.23mm；在 13.3s 时刻，EW 方向 PGA 达到峰值 710.16cm/s^2，此时一层出现最大层间位移 61.87mm。

《建筑抗震设计标准》GB/T 50011—2010（2024 年版）仅规定了配筋混凝土小型空心砌块抗震墙房屋的弹性层间位移角限值。中国科学院磨西基地为无筋砌体结构，文献《汶川地震作用下约束砌体房屋的抗震能力分析》（熊立红，2012）给出了砌体结构在不同性能水准下对应的层间位移角限值，见表 3.5.3-2。

砌体结构性能等级划分　　表 3.5.3-2

性能等级	基本完好	轻微破坏	中等破坏	严重破坏
层间位移角限值	1/1000	1/850	1/600	1/450

计算结果表明：各层的位移角均远超表 3.5.3-2 中严重破坏的位移角限值，其中底层的计算位移角约为严重破坏位移角限值的 9.4 倍，因此结构出现整体倒塌，说明计算分析的结果和实际震害相吻合。

由结构的位移响应可知，该建筑第三层经过改造，造成结构二层质量增大，周期变长，刚度削弱，故二层最大层间位移产生的时刻较早；一层最大层间位移出现时刻晚于二、三层，推测在NS、UD方向产生的峰值加速度积累作用下，一层砌体已有较大程度的损伤，且该时刻EW方向加速度达到峰值，砌体产生脆性破坏，丧失了承载与抵抗外力的基本力学性能，结构整体倒塌破坏。

3.6 晓拾客栈

3.6.1 工程概况

晓拾客栈建造年代不可考。该建筑地上五层、无地下室，一层为客栈大堂，层高3.8m，采用钢筋混凝土框架结构，二至五层为客栈式酒店，层高3.0m，采用砌体结构，为典型的底部框架-砌体房屋。室内外高差约0.1m，房屋高度15.9m，东西向长度15.8m，南北向宽度12.6m，横墙开间3.6m。墙体材料为240mm厚烧结普通砖，由于二至五层无法进入，未能确认构造柱的设置情况。现场采用回弹法对砌块和砂浆的强度等级进行了抽样检测，结果表明，砌块的强度等级约为MU10，砌筑砂浆的强度等级约为M2.5，材料存在一定程度的老化。根据现场实测和推测，绘制各层结构平面布置如图3.6.1-1所示。

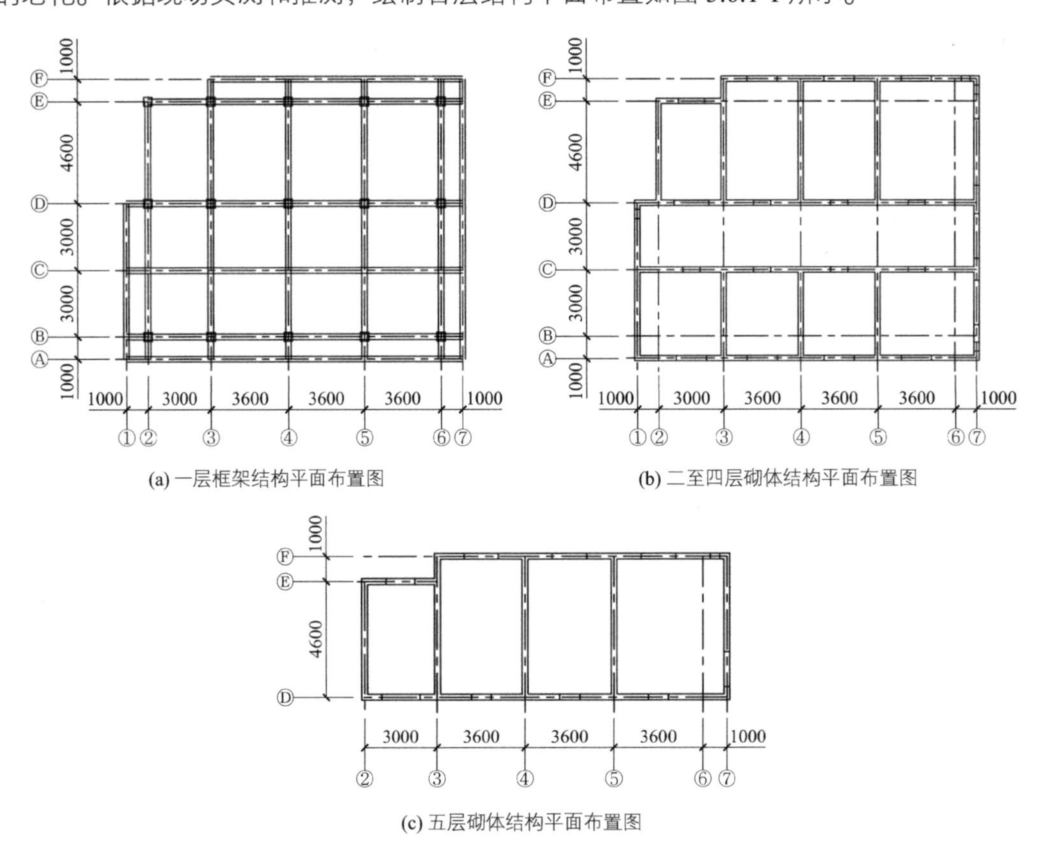

(a) 一层框架结构平面布置图

(b) 二至四层砌体结构平面布置图

(c) 五层砌体结构平面布置图

图3.6.1-1 晓拾客栈结构平面布置图

3.6.2　震害描述与分析

晓拾客栈是乡镇建筑中典型的底部框架-砌体结构。地震发生后，由于一层抗侧刚度远小于上部结构，形成薄弱层，变形最大。通过外部观察，二层及以上未见明显破坏。一层的大变形导致房屋整体向街道方向严重倾斜，同时产生了明显的扭转，这一现象从图 3.6.2-1（b）装饰柱的位移和图 3.6.2-1（d）框架柱的位移角即可看出。一层框架柱柱头出现了明显的塑性铰，钢筋裸露，混凝土压碎。

(a) 建筑整体倾斜

(b) 门前装饰柱发生大位移，脱离石墩

(c) 建筑后侧一层填充墙出现大量斜裂缝，二至五层外墙未出现明显震害

(d) 5-E 轴柱每米倾斜 0.14m，倾斜角约 1/7，柱头混凝土保护层脱落

(e) 4-E 轴柱柱头混凝土脱落

(f) 2-D 轴柱柱头产生斜裂缝并向中部延伸

图 3.6.2-1　晓拾客栈结构震害

(g) 梯梁端部产生大量斜裂缝，下部填充墙与梯梁脱开

(h) 一层框架柱倾斜角大于 1/30

图 3.6.2-1 晓拾客栈结构震害（续）

3.6.3 地震动响应分析

1. 计算模型

根据现场实测资料，采用 SAP2000 建立晓拾客栈的结构模型。底框梁、柱构件采用框架单元模拟，混凝土强度等级为 C25，定义纤维铰以考虑材料的非线性行为。经现场测量，柱子纵筋直径为 20mm，箍筋 8mm、间距 150mm。

砌块强度 MU10，砂浆强度 M2.5，砌体密度采用 $1900kg/m^3$。根据《砌体结构设计规范》GB 50003—2011，砌体线膨胀系数为 $5\times10^{-6}/℃$，砌体受压弹性模量的取值采用规范中 M2.5 砂浆强度对应的$E=1390f$计算，f为砌体的抗压强度设计值。砌体的屈服应变取 0.003，极限压碎应变取受压屈服应变的 1.6 倍，从而求得极限压碎应变为 0.0048。砌体材料应力-应变曲线采用湖南大学刘桂秋所建议的公式（刘桂秋，2005）:

$$\begin{cases}\dfrac{\sigma}{f_{\mathrm{m}}}=1.96\left(\dfrac{\varepsilon}{\varepsilon_0}\right)-0.96\left(\dfrac{\varepsilon}{\varepsilon_0}\right)^2 & 0\leqslant\dfrac{\varepsilon}{\varepsilon_0}\leqslant1\\ \dfrac{\sigma}{f_{\mathrm{m}}}=1.2-0.2\dfrac{\varepsilon}{\varepsilon_0} & 1\leqslant\dfrac{\varepsilon}{\varepsilon_0}\leqslant1.6\end{cases} \tag{3.6.3-1}$$

最终建立的有限元模型如图 3.6.3-1 所示。

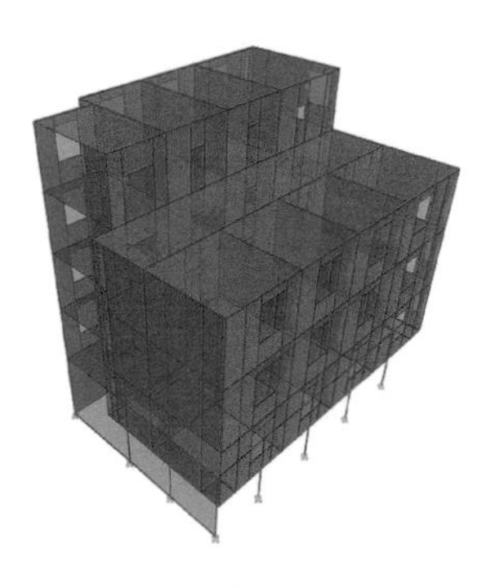

图 3.6.3-1 晓拾客栈 SAP2000 模型

采用特征向量法进行该结构的模态分析，得到前三阶振型及对应的周期见图 3.6.3-2，可以看出，该结构抗扭刚度较低。

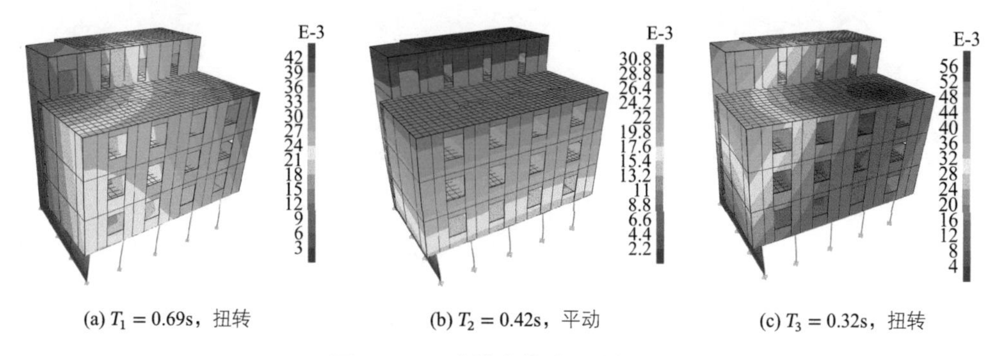

(a) $T_1 = 0.69$s，扭转　(b) $T_2 = 0.42$s，平动　(c) $T_3 = 0.32$s，扭转

图 3.6.3-2　晓拾客栈前三阶振型

2. 位移响应

分析得到最大层间位移角如图 3.6.3-3 所示。

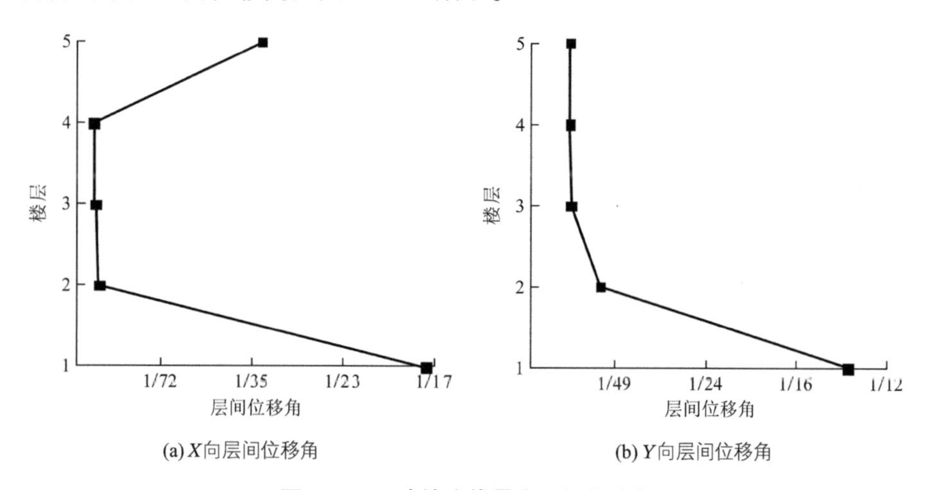

(a) X向层间位移角　(b) Y向层间位移角

图 3.6.3-3　晓拾客栈最大层间位移角

可以看到，一层层间位移角远大于上部楼层，与实际震害相符。参考表 3.5.3-2 的等级划分及框架结构弹塑性层间位移角 1/50 的限值，一层层间位移角远远大于严重破坏的层间位移角。分析原因在于一层层高较大，而框架柱截面仅为 400mm × 400mm，上部楼层为纵横墙承重的砌体结构，抗侧刚度大，一层抗侧刚度远小于上部楼层，形成薄弱层。这是乡镇建筑中底部框架结构的典型问题。

分析得到 5-E 轴框架柱Y向位移 0.210m，层间位移角达到 1/18。考虑到该区域工程多采用自拌混凝土，材料性能得不到保证，分析所得位移角结果虽然小于现场测量值 1/7，但也达到严重破坏、接近倒塌的程度。

图 3.6.3-4 为一层框架塑性铰分布，可以发现，框架柱端均出现塑性铰，而框架梁破坏轻微，一层框架结构形成强梁弱柱的破坏形式，与现场震害情况较为符合。

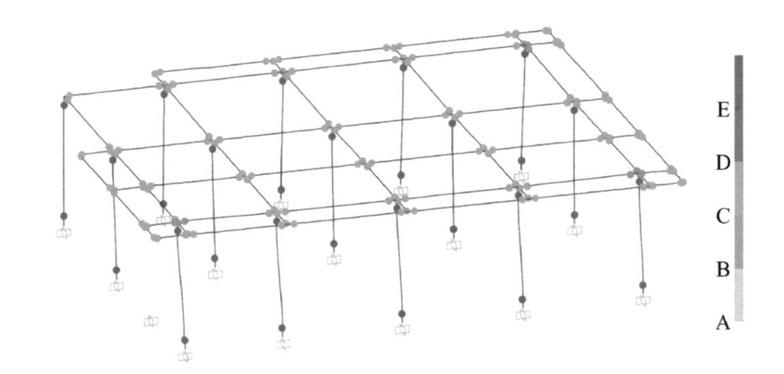

图 3.6.3-4　晓拾客栈一层框架塑性铰

3.7　结论及设计建议

通过对海螺沟管理局住宅、金山花园、磨西博物馆、中国科学院磨西基地和晓拾客栈共五栋建筑进行有限元分析，输入实测三向地震波、对比现场实际震害，可以得出以下结论及设计建议：

（1）五个案例的有限元分析结果和现场震害结果基本吻合，证明了分析结果的科学性和有效性。

（2）我国地形地貌复杂，山地范围较大，加剧了地震动的复杂性，往往会加大地震响应。从对磨西博物馆和中国科学院磨西基地的分析可以看出，突出地形、临悬崖地形会增加建筑的地震反应，加重结构的破坏。

（3）合理的结构体系是保证“大震不倒”的先决条件。震区的很多自建房，结构体系混乱、构造不合理，加重了建筑的震害，造成了严重的经济财产损失和人员伤亡。特别是大量底部框架结构，破坏非常严重。

（4）结构刚度的合理分布尤其重要，重要性甚至高过对结构强度的要求。很多建筑的首层为天然的薄弱层，罕遇地震下的破坏基本集中在首层，建议进一步加强首层的刚度和承载能力。

（5）历次震害和本次震害分析表明，现有抗震标准为了保证“强柱弱梁”破坏模式而规定的柱端弯矩放大系数并不一定能保证“强柱弱梁”破坏模式的实现，需要进一步研究。

（6）对比海螺沟管理局住宅和金山花园这两个框架结构可知，海螺沟管理局住宅存在大量半框梁，且梁截面刚度较柱明显偏大，没有形成“强柱弱梁”；而金山花园框架完整，且满足了“强柱弱梁”的要求。不论是分析模型还是现场实际震害，海螺沟管理局住宅的破坏都更严重。合理的结构布置及“强柱弱梁”都更有利于提高框架结构在罕遇地震下的抗震性能。

（7）施工缝是钢筋混凝土结构的天然薄弱部位，设计和施工时应特别注意。磨西博物馆的震害分析表明，未经合理处理的施工缝会降低结构整体刚度，罕遇地震下构件的破坏会集中在施工缝区域，不能充分发挥构件的耗能作用，从而加重了结构的破坏。因此，应加强施工缝的验算和构造。

（8）填充墙对钢筋混凝土框架结构的整体刚度有显著影响，通常采用周期折减系数考虑填充墙刚度的贡献。在地震作用下，填充墙和框架结构协同工作，能够提供较大的抗侧刚度，同时承担部分地震作用并耗散地震能量，从这个角度看，填充墙对主体结构有利。但是不合理的填充墙布置会对结构产生不利的影响，例如海螺沟管理局住宅、金山花园和磨西博物馆为了一层获取更大的使用空间，仅在外围布置填充墙，导致结构竖向刚度不均匀，从而形成薄弱层，加重了地震作用下主体结构的破坏；晓拾客栈底层填充墙的不均匀布置，导致结构产生明显的扭转，也加重了地震作用下主体结构的破坏。目前的计算手段难以准确模拟填充墙和主体结构的相互影响，可能会导致计算结果和实际震害存在较大差异。因此，下一步需要加强填充墙和主体结构的相互作用机理的研究，不能采用周期折减系数单一参数来考虑填充墙的影响。

第 4 章

建设对策

4.1 政策文件和管理

4.1.1 政策文件

2022年9月5日12时52分，四川省甘孜州泸定县（北纬29.59°，东经102.08°）发生里氏6.8级地震，依据《中华人民共和国防灾减震法》与《国家地震应急预案》初判，该次地震为重大地震灾害，四川省人民政府迅速响应，先后印发了《“9•5”泸定地震灾后恢复重建总体规划》（以下简称《规划》）和《“9•5”泸定地震灾后恢复重建支持政策措施》（以下简称《措施》），以及《“9•5”泸定地震灾后恢复重建城乡住房和市政基础设施重建专项实施方案》《“9•5”泸定地震灾后恢复重建交通设施重建专项实施方案》《“9•5”泸定地震灾后恢复重建公共服务设施重建专项实施方案》《“9•5”泸定地震灾后恢复重建地质灾害防治和国土空间生态修复专项实施方案》和《“9•5”泸定地震灾后恢复重建景区恢复和产业发展专项实施方案》共五个专项方案，形成了“一个总体规划＋一套支持政策＋五个专项方案”的灾后重建方案体系，从重建范围、重建期限、重建目标、重建时序、重建资金、重点任务、财政支持、实施方案等各个维度解析灾后重建工作。

《规划》作为泸定地震灾后重建纲领性文件，明确了灾害重建范围为地震烈度7度及以上区域（城乡住房维修加固和恢复重建覆盖到地震烈度6度区），主要包括甘孜州泸定县、康定市、九龙县和雅安市石棉县、汉源县、荥经县、天全县的27个乡镇（街道），面积10280km^2，涉及人口267714人；确定了重建目标为用3年（2022—2025年）基本完成灾后恢复重建任务，灾区生产生活条件和经济社会发展全面恢复，达到或超过震前水平，自我发展能力明显增强；给出了五大重建任务：住房重建和城乡建设、景区恢复和产业发展、公共服务重建、基础设施重建以及地质灾害防治和国土空间生态修复；规划了重建时序，以年为单位分解了灾后恢复重建任务，保障灾后恢复重建有序推进；同时基于重建目标和重建任务，初步预估了重建资金总需求约为206.65亿元。

《措施》从财政、税费、金融、土地、就业和社会保障、地质灾害防治和生态修复保护、景区恢复和产业扶持，以及基础设施及其他共8个方面出台了31条政策措施，支持泸定地震灾后恢复重建。其中财政政策包括灾区重建包干补助、综合财力补助以及债券资金支持；税费政策主要是减免税收；金融政策包括加大灾区信贷支持、提高信贷额度、优化信贷优惠政策、上市企业培育、发挥保险保障作用以及引导地方金融组织参与灾后恢复重建。三政策协同发力，为泸定灾后恢复重建提供强有力的资金支持。土地政策包括指导科学编制国土空间规划、统筹保障重建用地指标、明确永久基本农田占用补划范围、统筹落实耕地占补平衡、建立用地审批快速通道、支持开展城乡建设用地增减挂钩，以及保障灾后恢复重建所需砂石资源共7条，明确了用地指标向灾区倾斜，缩短了用地审批时间，保证了原料供应，为灾后恢复重建顺利推进奠定了基础。就业和社会保障政策有加大就业援助支持力度、支持在灾后恢复重建中开发公益性岗位或临时性公益岗位、安置因灾就业困难人员、促进受灾群众就业、给予就业创业服务补贴，以及加大人才支持力度。地质灾害防治和生态修复保护政策包括加强地质灾害综合防治、开展灾后地质灾害应急评估、支持生态保护修复项目实施（如贡嘎山东坡磨西台地生态保护修复、历史遗留矿山生态修复等）、强化地质灾害防治和生态修护保护科技支撑，以及优化生态项目审批流程。景区恢复和产业扶持政策有支持发展特色优势产业、扶强扶优骨干企业、支持恢复特色农业生产能力，以及支持景区恢复和文化旅游发展 4 个方面。基础设施及其他政策包括简化项目审批程序、支持市政基础设施建设以及支持城乡住房重建、对严重损坏需恢复重建和一般损坏需维修加固的住房分别给予 6 万元/户和 0.5 万元/户的补贴。

五个专项方案作为灾后恢复重建工作的具体实施方案，分别聚焦于“城乡住房和市政基础设施、交通设施、公共服务设施、地质灾害防治和国土空间生态修复以及景区恢复和产业发展”展开详细阐述。

城乡住房和市政基础设施重建方面，以“安全第一、科学重建、安居宜居、保障民生、四化同步、统筹发展、保护生态、突出特色、多元参与、创新机制”为基本原则，“2023 年底基本完成城乡住房重建，2024 年底基本完成市政基础设施重建”为目标，对灾区 82 个乡镇、46798 户，通过恢复重建，维修加固以及货币化安置的方式完成城乡住房重建，并推动 5 个整体房屋受损严重、地质灾害隐患较大的村庄整体搬迁；与此同时，修复建设灾区城镇市政道路桥梁 26.91km、供水排水管网 96.94km、供水厂 4 座、污水处理厂 7 座和燃气环卫设施 5 座，以满足灾区城镇的需要。

交通设施重建方面，以“立足当前、远近结合、实事求是、量力而行、突出重点、分步推进、多措并举、确保安全”为基本原则，“2023 年 1 月底完成抢通保通，2023 年底恢复基本功能，2025 年底完成重建任务”为目标，加快推动一批灾后恢复重建重点项目建设，构建高速公路、干线公路、农村公路、应急运输“四张网”，形成多层级多通道生命线交通网络，有效增强区域路网安全保障能力。尤其是，加快泸定至石棉高速公路建设，到 2025 年底，与雅康高速和雅西高速一并形成雅安—泸定—石棉高速环线，实现双向进出。

公共服务设施重建方面，以“兜牢底线、均等可及、恢复为主、兼顾提升、突出重点、有序推进、科学重建、确保安全”为基本原则，“三年时间基本完成公共服务设施灾后恢复重建任务”为目标，通过教育、医疗卫生、文化体育、就业与社会保障、社会管理五大领域 173 个项目恢复提升灾区公共服务设施保障能力。

地质灾害防治和国土空间生态修复方面，以“以人为本、安全第一、搬治结合、分类施策、尊重自然、科学修复、统筹兼顾、动态调整”为基本原则，“三年时间全面完成地质灾害应急排查和重点区域调查评价，基本完成受灾害威胁严重的城乡居民避险搬迁工作，全面恢复农业生产适宜区受损耕地，恢复珍稀野生动植物栖息地及生态廊道，统筹实施生态保护修护项目、重建管理监测和基础设施，确保重要生态系统得到有效保护、生态环境总体量基本恢复到震前水平”为目标，组织安排受地质灾害隐患直接威胁且有搬迁意愿1005户群众搬迁，对99处重大地质灾害隐患点、57处地质灾害隐患点、8处地震损毁地质灾害分类治理。同时，按自然恢复为主、人工修复为辅的思路，修复震损林地13003hm^2，维修加固灌溉渠道60km，修复生态空间7110亩以及生物多样性保护区域290hm^2。

景区恢复和产业发展方面，以“生态优先、绿色先行、科学重建、项目为重、产业融合、协同发展、国际标准、品牌引领”为基本原则，“将文旅产业作为灾区恢复重建优势产业，大力推进灾区农工商文旅融合发展促进灾区群众创业就业和致富增收”为目标，推进景区生态环境修复、旅游交通设施恢复、旅游品质提升等，高质量打造海螺沟景区、王岗坪景区“双核驱动”，大海螺沟、大王岗坪“双区拉动”，环贡嘎旅游风景道“一环联动”的大贡嘎世界山地度假旅游目的地。

4.1.2 加大宣传力度，增强抗震防灾意识

20世纪以来，中国共发生6级以上地震近800次，基本遍布除贵州、浙江两省和香港特别行政区以外所有的省、自治区、直辖市。同样震级的地震，我国的损失远远高于日本、美国等发达国家，甚至高于智利等部分发展中国家。死于地震的人数达55万之多，占同期全球地震死亡人数的53%。

撰写组人员曾经到日本等地区进行抗震技术考察，和当地的技术人员、居民进行过交流。当地居民普遍认为，把钱花在安全上很值得，很愿意花更多的钱买更安全的房子，开发商也往往会把安全作为一个卖点。而我国作为发展中国家，新中国成立以来，由于经济水平落后，长期实行的是低标准建设，建筑满足基本功能、基本需求即可。在抗震方面，建设单位为控制成本，严格限制结构材料用量，基本以抗震最低要求指导设计，以致结构安全冗余度过低。随着我国经济水平的提高，这种现象并没有明显改观，反而有开发商将大部分成本都投入到外观、装饰装修上，追求面子工程。因此，很多漂亮、豪华的建筑在地震中严重损坏。如将成本更多地投入到抗震中，可以极大地避免财产损失和人员伤亡。

造成这种现象的重要原因是我国从政府职能部门到民间团体、从官员到普通百姓的抗震防灾意识淡薄。政府及相关部门科普、宣传的不到位，导致民众对抗震基本知识知之甚少，也没有意识到房屋抗震的重要性，进而导致民众在自建或购房时并不关心或重视这一问题。

意识先行，只有思想上重视，行动上才会体现。老百姓购房时将房屋的安全性放在首位，才能推动建设抗震性能更好的房屋。因此，需要从各方面、多渠道进行抗震防灾知识宣传，提升全社会的抗震防灾意识。抗震工作，不只是技术问题，不只是抗震工作者的职

责，只有全民抗震知识和抗震意识普遍增强，我国的建筑的抗震能力才能真正提高，未来发生地震时，我们的损失、伤亡才能得到最大幅度的减少。

4.1.3　辩证处理绿色和安全的关系

2020年，中国正式做出"将力争2030年前实现碳达峰、2060年前实现碳中和"的"双碳"目标承诺。我国做出碳达峰碳中和的承诺，是积极应对国内外挑战的必然选择。目前，"双碳"目标已经上升为国家战略。

减少材料用量，是减少碳排放的直接有效手段之一。因此，现在也把降低建筑结构材料用量作为"减碳"的措施之一。在保证安全的前提下，减少建筑结构材料用量无可厚非，应该大力提倡。但目前，有些地方已经出现了以"减碳"的名义而不顾结构安全减少建筑结构材料的趋势。由于建筑结构材料事关建筑安全，特别是主体结构的安全，因此减少建筑结构材料的用量时务必慎重。

"双碳"目标和安全并不矛盾，二者是和谐统一的。安全第一，要真正把安全放在首位。只有保证安全前提下的"减碳"才是真正的"减碳"，没有安全，反而是最大的不低碳。

以前我国的建筑八字方针是"安全、适用、经济、美观"，这个遵循了几十年的建筑方针现在调整为"适用、经济、绿色、美观"。有解释说"适用"包括了"安全"，所以取消了"安全"二字，这种解释未免有点牵强，让人难以理解。建筑八字方针作为我国最顶层的建设思想，应该通俗易懂，不应该让大家去猜测分析背后的含义。新形势下，国家推行"双碳"目标，倡导环保节能社会，加入"绿色"二字无可厚非，但是取消"安全"二字值得商榷。"安全"在任何时期都是最重要的！房屋垮塌或者受损，将产生众多建筑垃圾，需要花费更多的材料来重建或加固，造成的生命损失更是无可挽回，这才是最大的"不绿色""不经济"。因此，希望有关部门慎重研究建筑方针，将"安全"保留，并放在首位。

4.1.4　加强建设的全过程监管

建筑作为一种商品，相较于其他商品（如汽车、手机、家具等）有其特殊性。比如，建筑的使用寿命更长，普通的商品使用寿命可能不超过几年，长的十年、二十年，建筑则一般五十年，甚至上百年；建筑的尺寸更大；建筑涉及公共安全；建筑作为凝固的音乐，对城市、乡村的形象有重要影响……基于以上不同之处，建筑建设的流程更复杂，管理更严格，要求也更高。

建筑建设的全过程主要包括立项选址、规划设计、设计审查、施工、验收、运营维护等。每一个环节都很重要，都需要严格把关，而且前面的环节完成才能进入下一个环节。

因此，需要对建筑建设的全过程进行严格监管。国家建设主管部门设置有专门的机构，领导社会机构、社会组织和相关企业对建筑的各环节进行管理。目前，我国的城镇建筑，管理基本完善，但在偏远地区，特别是农村，建筑建设监管比较薄弱，农村自建房的安全质量管理基本上处于空白地带。因此，每次强烈地震发生后，农村地区的损失都特别严重。

目前，我国的抗震防灾管理，在国家层面由住房和城乡建设部工程质量安全监管司下设的抗震防灾处进行管理；省级层面，部分省设置有抗震防灾处，如云南省等，部分省设置抗震办公室，挂靠在相关处室（如勘察设计与科学技术处），但并无专职管理人员，如四川省；市级层面，各地更是不一样，基本上没有专职的部门，部分城市在相关处室下设置有专职人员管理，很多城市的抗震防灾管理人员都是身兼数职，重点工作不在抗震管理上，导致抗震防灾工作管理松散。

针对我国地震频发、地震形势严峻的情况，建议在省级层面设置专门的抗震防灾管理部门，由专业人员专职管理；在大中型城市、地震重点监视防御区城市设置专门的抗震防灾管理部门，由专业人员专职管理；在其余城市设置抗震办公室，挂靠在相关处室，但仍需由专业人员专职管理。

4.1.5 推动农房规范化建设

我国的农房建设主要分两类：统规统建农房和自建农房。统规统建农房一般由政府实施建设，按照正规的建设程序执行，和城镇建筑进行统一标准的管理。自建农房的监管一直较为薄弱，目前绝大多数地区主要在报批、报建阶段进行审批，内容主要包括建筑面积、层数、高度和建筑风貌等，而对抗震安全、建筑质量等监管较少。

历次地震灾害调查表明，农房，特别是自建房的震害往往比城镇房屋更严重。分析原因，主要是由于城镇房屋通常经过了规范设计和施工，而自建农房大多没有。规范设计和施工是建筑安全的重要保障。

因此建议对农房进行全过程规范化管理。在乡镇设置专门机构对自建农房进行管理，特别是要将质量和安全方面作为管理的重点。具体到措施上，可以设置专人或者委托专业技术机构对农房的建设场地选址和设计图纸进行审批，并对施工过程进行监理，同时加强对农民工的职业技能培训以及对农户的抗震防灾意识宣贯。自建房完工后，需要专门机构同意后方可投入使用。

4.2 技术保障措施

4.2.1 推动农房建设正确选址

场地安全是建筑安全的基础。建筑质量再好、房屋再结实，如果场地不稳定，地震时发生滑坡、崩塌、泥石流等，建筑照样会被摧毁。因此，建筑的正确选址是建设的关键第一步。

正确选址可以使房屋远离潜在的灾害风险区域，减少灾害对居民造成的风险和危害，确保居民的生命安全和财产安全；同时，正确选址可以降低灾害对房屋的破坏程度，减少灾害带来的经济损失，从而提高乡镇房屋的抗灾能力，减少灾害对社会稳定和发展的不利影响；最后，通过考虑潜在灾害风险，在选址过程中注重长期利益，可以为乡镇的可持续发展奠定基础。

城镇建筑、统规统建农房都经过了规范的岩土工程勘察，对场地都进行了评估；自建农房大多没有经过这个环节，最多是凭经验和感觉，没有经过正规勘探及专业队伍的风险评估，埋下了极大的安全隐患。

因此，推动自建农房进行正确选址，是确保居民安全、减少损失、促进社会稳定和可持续发展的必要措施。具体可以采取以下措施：

（1）加强选址规划。政府部门应制定严格的选址规划制度，确保在选址过程中充分考虑地震和其他自然灾害的潜在风险，优先选择安全区域。在选址过程中，对地质和地形进行全面评估，远离地震带、地质活动带、水灾易发区、滑坡区等潜在灾害区域。

（2）加强科学研究。政府和相关机构应加强地震和其他自然灾害的科学研究，提高对地震和其他灾害的认识和了解，为选址提供科学依据。这可以包括地质调查、地震监测、灾害风险评估等工作。

（3）加强宣传教育。政府可以通过广播、电视、报纸等媒体渠道，向公众普及地震和其他自然灾害的知识和防范措施。同时，加强对乡镇居民的培训和教育，提高居民的防灾意识和能力。

（4）加强监督和执法。政府应建立健全的监督机制，加强对乡镇房屋选址的审批和监管工作。对于违法建设的，要及时予以制止，并依法追究责任。

总之，在推动建筑进行正确选址的过程中，需要政府、专家和公众共同努力，加强规划和监管，提高公众的防灾意识和能力，确保建筑远离地震和其他自然灾害的威胁。

4.2.2　重视抗震设计

良好的抗震设计是房屋抗震的基础和关键。相关标准也对房屋抗震设计作了明确的规定，设计时应严格遵守。

首先，选择合理、合适的结构体系是房屋抗震设计的第一步。前期设计时应根据建筑的抗震设防类别、抗震设防烈度、建筑高度、场地条件、地基、结构材料和施工等因素，经技术、经济和使用条件综合比较确定相应的结构体系，包括砌体结构、框架结构、框架-剪力墙结构、剪力墙结构、框架-核心筒结构等。

其次是合理的结构布置。结构设计时需要协调好建筑功能与结构布置的关系，力求传力路线明确、简单，结构布置规则，刚度和质量变化均匀，尽量避免薄弱层，无法避免时应对薄弱层进行加强设计。总之，结构应整体协调、均匀，受力合理，刚度、强度合适，薄弱部位都应得到相应加强。

再者，设置多道抗震防线，使建筑物在地震中形成多重抗震保护的防御体系。当第一道防线的抗侧力构件在强烈地震袭击下遭到破坏后，第二道、第三道乃至第四道抗震防线可以接着抵挡后续的地震作用冲击，有效地减轻地震对建筑物的破坏，提高建筑物在地震时的抗震安全性，避免倒塌，同时也确保人们有足够的时间逃离危险区域。

最后，必要时应进行隔震与减震设计。隔震和减震设计是提高建筑物抗震能力的有效方法之一。通过采用隔震基础或减震装置，降低地震对建筑物所产生的作用，可以有效提高建筑物的抗震性能。学校、医院、大型场馆等乙类建筑，除要选用抗震性能好的结构形式外，应严格按照《建设工程抗震管理条例》进行减、隔震设计。

4.2.3 非结构构件抗震设计

以往业内都比较重视主体结构的抗震安全，而忽略非结构构件的抗震安全。

建筑房屋中的非结构构件种类繁多，典型的非结构构件包括建筑填充墙、吊顶系统、管道系统、建筑幕墙、女儿墙、栏杆、雨篷、固定储物柜等。严格按照规范设计的建筑基本都满足“小震不坏，中震可修，大震不倒”的抗震设防三水准要求，在地震作用下，结构本身不会对居民生命财产产生威胁；但建筑房屋中的非结构构件通常在地震中损坏严重，例如吊顶脱落、建筑隔墙倒塌、女儿墙掉落、储物柜倒塌、雨篷掉落、建筑幕墙破碎，对人们的生命安全产生直接的威胁；而管道系统的破坏则会直接影响震后建筑的使用功能。本次“9·5”泸定地震中，大量的非结构构件发生破坏，造成建筑使用功能中断，严重的甚至危及居民生命安全。因此，需要特别重视非结构构件的抗震设计。

4.3 推动绿色环保竹木结构建筑的应用与发展

竹木结构建筑起源于中国古代，以可循环再生的竹材和木材作为主要建筑材料，具有绿色环保、轻质高强、抗震性能好、装配化程度高等一系列优点。在古代，竹木结构建筑被广泛应用于府宅、寺庙、园林和民居等建筑中。其中我国木结构建筑中最具代表性的有：现存规模最大、保存最完好的木结构宫殿建筑群——故宫；现存尺度最高、体量最大的高层木结构塔式建筑——佛宫寺释迦塔，又称应县木塔；现存最古老的木结构古建筑——五台山南禅寺大殿；以及现存最古老的木结构楼阁式建筑——天津蓟县独乐寺观音阁。传统竹结构建筑则以干栏式竹楼、竹门楼最为典型。这些古建筑大多在成百上千年的历史中经历了直接或非直接的人为破坏、风雨侵蚀、地震等，但仍然屹立不倒。这一方面有赖于古人精湛的建造技术，另一方面也充分说明了竹木结构建筑具有的优异力学性能、耐久性能和抗震性能等。

然而，在人类步入工业化社会后，建筑材料也开始更新换代。随着混凝土、钢材等建筑材料的出现，竹木结构建筑由于传力机理及抗震机制不够明确、缺乏明确的计算公式、设计建造多以经验为主，因此发展逐渐停滞，开始退出历史舞台，不再用作建筑材料。现阶段，随着全球环境问题的日益严重，绿色环保和可持续发展的观念深入人心，竹木材料作为负碳生物质可再生材料，重新受到建筑工程领域的重点关注。此外，随着现代制造加工技术的不断发展，胶合竹、重组竹、胶合木、结构胶合板、定向刨花板等力学性能更稳定、耐久性能更强、抗火性能更优的改性工程竹木开始投入应用，为竹木用作建筑材料提供了新的可能。

竹木结构建筑历史悠久，在如今“碳中和、碳达峰”目标的大背景下，重新受到建筑工程领域的青睐，成为未来建筑的重要发展方向，应用前景广阔。为了推动绿色环保竹木结构建筑的应用与发展，可采取以下措施：

（1）开展竹木结构建筑基础研究。竹木结构建筑起源于古代，但并未得到持续的应用与发展，究其原因，主要是基础研究不足，无法支撑竹木结构尤其是竹结构的设计建造。通过系统开展竹木结构建筑相关基础研究，探明结构受力机理和抗震性能等，制定相关技术标准，保证结构设计、施工以及运维有据可依，有章可循，为竹木结构建筑大规模应用与发展奠定理论基础。

（2）融合现代和古代建造技术。古代竹木结构虽然以凭经验建造为主，但仍能屹立百年而不倒，这其中蕴含的建造哲学可为现代竹木结构建筑提供重要参考；现代竹木结构建造简单快捷，传力机理明确，更符合现代建筑的要求。将现代和古代的建造技术有机融合，探索出更适用于现代竹木结构的建造技术，实现竹木结构建筑的传承与发展。

（3）加强竹木结构建筑的宣传和推广。通过打造竹木结构建筑示范项目，开展相关宣传培训，改变大众关于竹木结构建筑耐久性、舒适性和抗火性能不足，力学性能不稳定等的固有认识，推动竹木结构在公园城市建筑、城市更新建筑以及新农村房屋等方面的建设。

竹木结构建筑是文化传承与可持续发展的完美结合，不仅有效融合了古建筑精湛的建造技术，而且绿色环保、抗震性能优良，是未来建筑的重要发展方向。通过开展竹木结构建筑基础研究、融合现代和古代建造技术以及加强竹木结构建筑的宣传和推广等措施，推动竹木结构建筑的大规模应用与发展，助力实现建筑业高质量发展和“双碳”目标。

4.4 推动建筑文化与建筑安全和谐发展

少数民族建筑往往具有自己独特的文化特色和底蕴，表现出别具一格的艺术魅力，如藏式建筑的门围、窗围和雀替，是藏式建筑所特有的元素。其中门围作为门的装饰构件，窗围作为窗户的围护构件，独立于主体结构，主要起装饰装修的作用，通常由一根横梁和两根竖柱构成，以前主要采用石头、砖块或者木材制作；随着建筑材料的演变，现在也开始采用钢筋混凝土制作。在本次“9·5”泸定地震中发现多处钢筋混凝土门围倒塌、窗围破坏。雀替作为藏式建筑的重要元素，具有明确的象征意义，代表着吉祥、祥瑞以及好运。发明之初，雀替由木材加工制作而成，主要用于缩短木梁枋的净跨距离，增加木梁头抗剪能力。随着建筑形式的不断发展，雀替的雕刻装饰效果日益突出，实现了结构与装饰功能的重要结合。随着建筑材料的不断发展，雀替的原材料不再局限于木材，钢筋混凝土雀替开始出现。但是由于设计或施工的不规范，导致本该作为装饰构件的钢筋混凝土雀替在配置钢筋锚入柱内后与主体结构整体浇筑，形成刚性连接，作用如同梁的竖向加腋，形成了强梁弱柱节点。本次地震中就出现多处梁柱节点破坏发生在柱上，并下移至雀替与柱相交处下方的情况。

少数民族建筑的特点及做法是中华文化的重要组成部分，也是对传统建筑技艺和文化传统的继承和展示。随着建筑材料的更新、建造技术的进步，在保留少数民族建筑文化特色的同时，需要同步考虑建筑结构的安全可靠。为实现文化特色与建筑结构安全共存，可采取以下措施：

（1）科学设计，整合现代建筑技术。在保留传统建筑特色的基础上，通过科学设计、合理布局、合理选择建筑材料和结构形式，以及改进施工工艺，提高少数民族建筑的抗灾能力，保证结构的安全可靠性。

（2）借鉴传统建筑技术。尊重传统建筑技术和方法，包括使用特定的建筑材料、结构形式和装饰风格等，如藏式建筑中采用木结构、石结构等，保留少数民族传统建筑的风貌和风格。此外，可通过开展相关研究，推动传统建筑技术与现代工程技术相结合。

（3）加强宣传与培训。通过相关培训，加强少数民族人民对建筑结构安全重要性的理解，增强公众对少数民族建筑文化特色的认识，提高相关从业人员对少数民族建筑文化特色与结构安全共存的意识，鼓励和支持居民和建筑专业人员在保留文化特色的同时注重结构安全。

通过科学规划、合理结合传统与现代技术、加强传统文化传承和开展灾害防范等措施，实现少数民族建筑文化特色与结构安全的有机融合。这不仅有助于保护和传承少数民族的独特文化，同时也能保证建筑的结构安全，实现建筑文化特色与结构安全共存。

附　　录 1

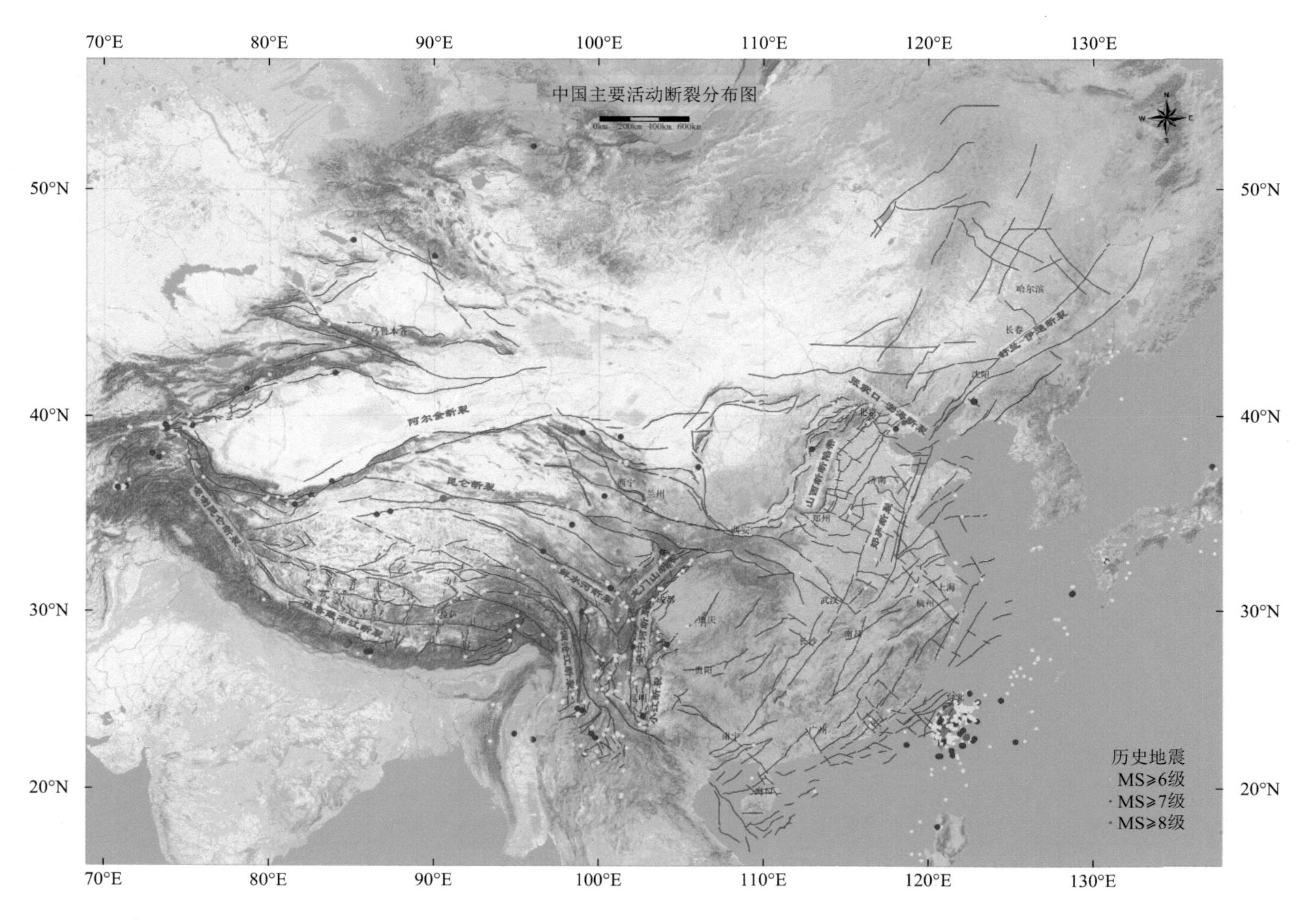

图 1-1　中国主要活动断裂分布图

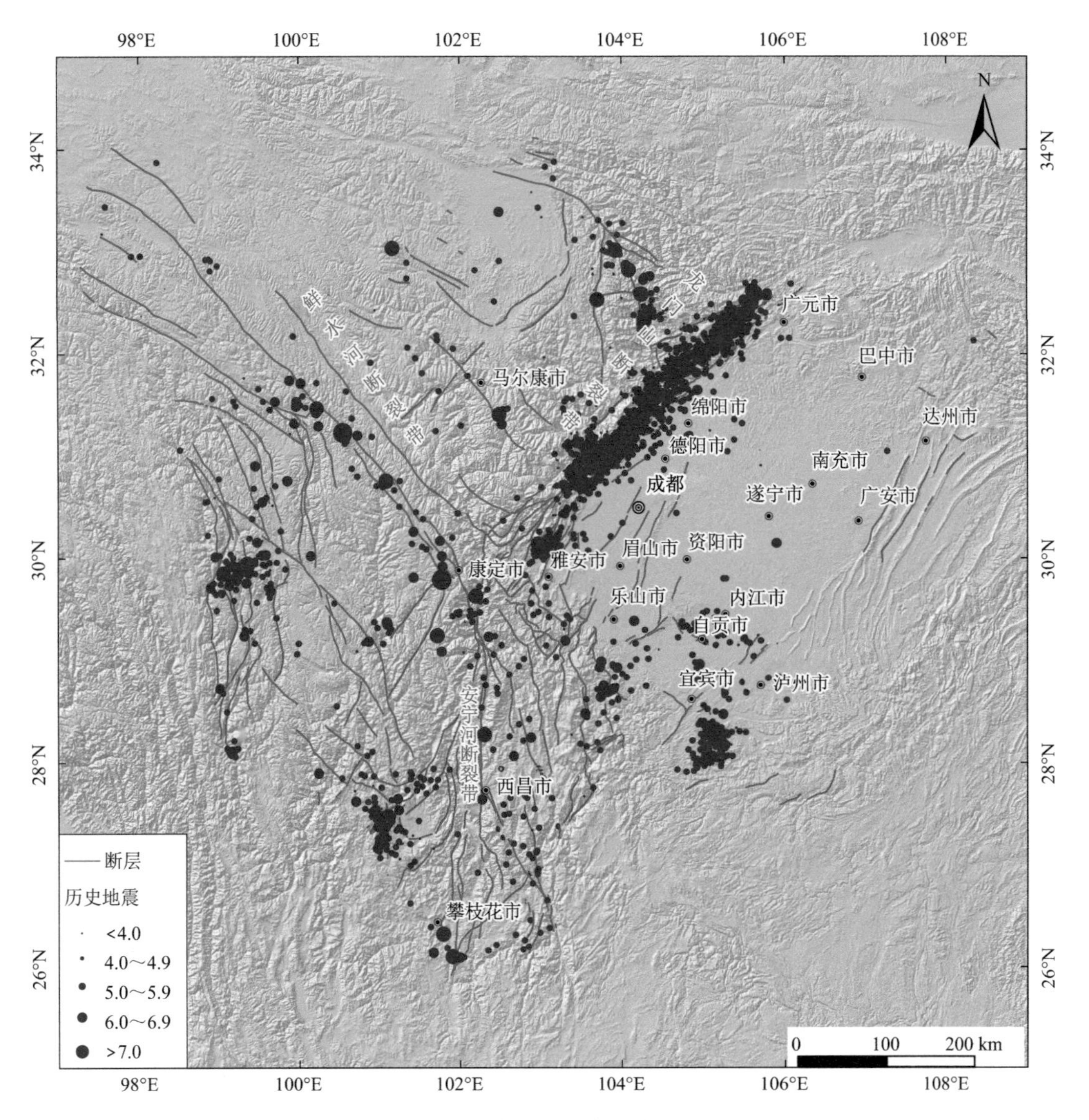

图 1-2　四川省主要活动断裂分布图

图 1-3　磨西破坏总图

损害程度颜色表　　　　**表 1-1**

颜色	红色	黄色	绿色
损坏程度	禁止使用	暂停使用	可以使用

附　　录2

1 考察日记

2022 年 9 月 13 日

四川又遇新一波新冠疫情，管控措施严格，基本都居家办公了。9 月 5 日泸定发生 6.8 级地震，从网络报道的情况看，破坏还是挺严重的。院里接到应急厅通知，第一时间安排了结构工程师前往灾区参加应急评估。

我一直想去灾区，因为疫情原因未能成行。上午突然接到住建厅总工程师杨搏的电话，他当时在震中坐镇指挥。杨总说，震中磨西镇有一个安置点地基情况很复杂：回填土深度十几米，面积上千平方米，由于抢工期，没有分层碾压夯实，一晚上就回填完了，心里不踏实，担心有问题。他还说灾后安置房如果出现质量问题，很容易变成群体事件。

听完这些情况，我给了杨总一些建议。但后来心里还是不踏实，给杨总打电话申请去现场了解情况，杨总很高兴，马上安排我和厅办公室任处长对接。因为当时要出小区、出成都、进入灾区都很困难，层层关卡。厅里和甘孜州住建局联系，很快就给我们开了特别通行证（图 2-1）。

图 2-1　车辆通行证

下午 3 点半左右，我们一行三人出发了：我、川勘院的聂总和司机何师傅。一路顺利，快到天全县时，天快黑了。由于震中附近道路破坏严重，晚上通行危险，加上灾区生活条件差，到了之后可能无法吃上晚饭，再加上何师傅的 24 小时核酸检测结果迟迟未出（甘孜州住建局要求凭 24 小时核酸检测结果进入磨西），于是我们就在天全（图 2-2）住下了。

图 2-2　天全县城

2022 年 9 月 14 日

为了早点赶到灾区，大家早早起床，在街边简单用完早餐后，就怀着急切的心情上路了。路上不停接到杨总的电话，想必他也是心情急切，因为他当天要去检查多个安置点。我们和他约好在地基有问题的一号安置点汇合。

在泸定下了高速（图 2-3），检查通行证，做核酸检测，大概半个小时后重新上路。临近磨西，发现山体垮塌、房屋损坏的情况越来越严重。这时，一个隧道口在实行交通管制，因为前面垮塌严重，在修路，又等了大半小时，终于放行了。过了隧道，迎面而来的就是大量的山体塌方和道路损毁，路边还有被山石砸烂的汽车，令人触目惊心。在磨西台地下方，穿过最大一处塌方，终于进入磨西镇。街上到处是军人、消防救援人员、抗震救灾的志愿者，随处可以看到建筑损坏的痕迹，幸好倒塌的还不多。我们大概 11:30 到达一号安置点，和杨总他们汇合。

图 2-3　泸定高速路口

天气很热，高原上紫外线很强，安置房工地上更是热火朝天，布满了各种工程车辆，很多建筑工人正在作业（图 2-4、图 2-5）。我们先在工地上转了一圈，然后重点检查了回填地基，工人们正在做微型桩加固。我和聂总了解了地质情况、回填范围和深度，检查了加固设计图纸，给设计单位提出了书面优化建议，也把情况向杨总进行了汇报。然后入住住建厅安排的酒店，据说酒店这两天刚刚通水通电，我们算运气不错。

图 2-4 一号安置点工地（一）

图 2-5 一号安置点工地（二）

午饭后在酒店小憩了一会，出发陪杨总去附近乡镇的安置点检查。安置房户型一般为一套二、一套三，坡屋顶，建筑色彩为深红色或者蓝色，均采用冷弯薄壁型钢结构，夹心墙板，基础均采用 15～20cm 厚钢筋混凝土。现场调查发现，很多地方基础宽度不够，可能导致钢结构柱安装存在问题，及时给建设单位提了出来。

从安置点回到磨西，天还没有黑。我和聂总在州住建局张副局长陪同下，急切地去看了中国科学院磨西基地（图 2-6）。基地因底层坍塌，一名女研究生遇难，当时闹得沸沸扬扬。结果大门紧闭，有一个小伙子把守，无论如何也不让我们进去，看来即使是州住建局出面也不得进入。我们就绕基地围墙转了一圈，基本了解了破坏的情况。接下来我们在几条主要街道匆匆查看了一下，调查了海螺沟游客接待中心、晓拾客栈和一栋局部倒塌的民房。回酒店后，我们也检查了酒店的破坏情况，看到了一个完全破坏的室外水箱，这也是我第一次看到水箱破坏。

图 2-6　中国科学院磨西基地

晚上约了中铁的老总和几个领导在我房间交流，大家在特殊时期、特殊环境里结下了友谊。据说中铁的老总，一个北方的壮汉，因为无法完成施工任务，压力太大，白天在会场哭了。

2022 年 9 月 15 日

住建厅安排的工作已经完成了，准备今天回成都。起床后，先书面整理了昨天检查几个工地的技术问题，然后签字，发给了杨总和设计单位（图 2-7）。我们准备上午在镇上再重点检查一下，结果一出酒店，正好遇见市民给甘孜州特警送行。地震后，甘孜州特警第一时间进入磨西抗震救灾。男女老少在特警们入住的营地门口列队，夹道送行，队伍绵延几百米。大家挥舞国旗，手捧哈达，不停地呼喊，表达真诚的感谢。车队缓缓前行，很多人追着警车跑。每次大灾大难，人民警察和子弟兵总是冲锋在最前面。（图 2-8～图 2-10）

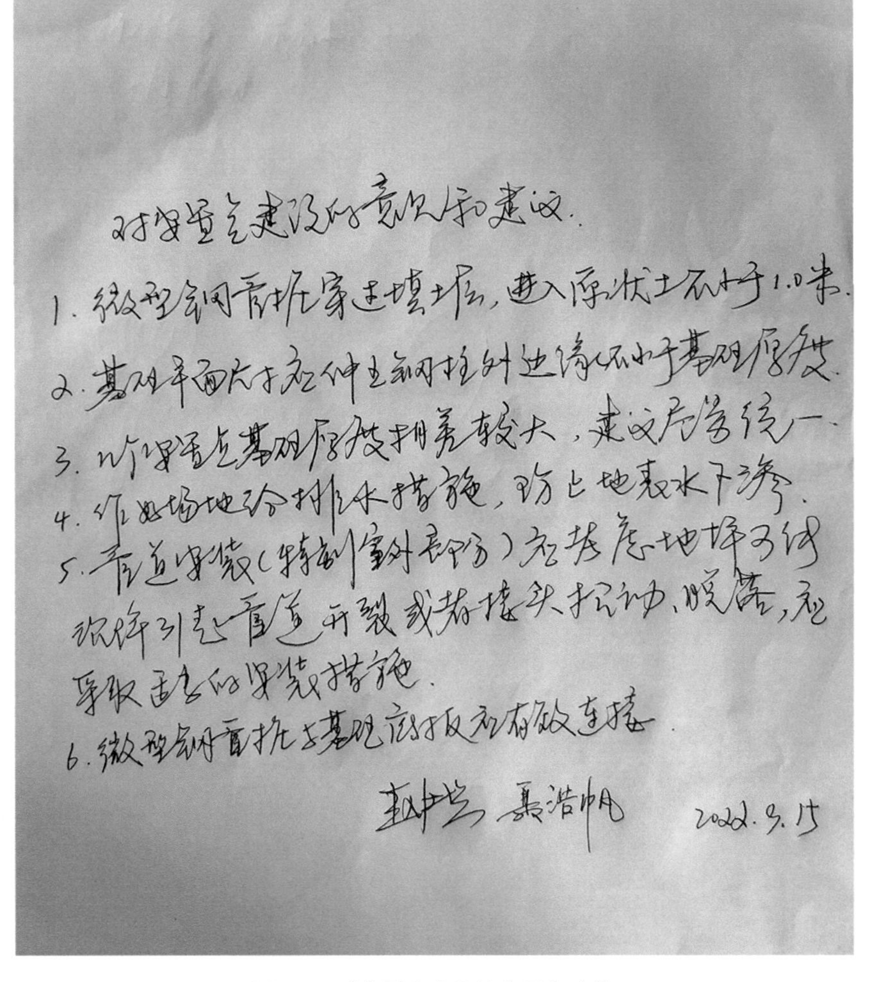
对安置点建设的意见和建议.
1. 微型钢管桩穿过填土层，进入原状土不小于1.0米.
2. 基础平面尺寸应伸出钢柱外边缘不小于基础厚度.
3. 几个安置点基础厚度相差较大，建议尽量统一.
4. 作好场地给排水措施，防止地表水下渗.
5. 管道安装(特别室外部分)应考虑地坪可能沉降引起管道开裂或者接头松动、脱落，应采取适当的安装措施.
6. 微型钢管桩与基础底板应有效连接.
赵仕兴 聂浩帆 2022.9.15

图 2-7 对安置点建设的意见和建议

对安置点建设的意见和建议：

1. 微型钢管桩穿过填土层，进入原状土不小于 1.0 米。

2. 基础平面尺寸应伸出钢柱外边缘不小于基础厚度。

3. 几个安置点基础厚度相差较大，建议尽量统一。

4. 作好场地给排水措施，防止地表水下渗。

5. 管道安装（特别室外部分）应考虑地坪可能沉降引起管道开裂或者接头松动、脱落，应采取适当的安装措施。

6. 微型钢管桩与基础底板应有效连接。

赵仕兴 聂浩帆

2022.9.15

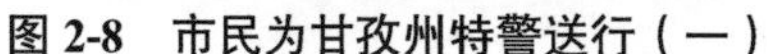

图 2-8 市民为甘孜州特警送行（一）

图 2-9 市民为甘孜州特警送行（二）

图 2-10 市民为甘孜州特警送行（三）

送别特警后，我和聂总抓紧时间，检查了街上几个发生破坏的重点建筑：大西映画度假酒店、磨西天主教堂、红军长征磨西会议遗址、海螺沟管理局住宅和酒店门口的金山花园等（图 2-11、图 2-12）。总体感觉，磨西镇垮塌的建筑不多，但是受损的不少。从街上看，非结构构件破坏很严重，沿街掉落了大量的女儿墙、外立面装饰构件。另外，从老乡口中了解到，因为疫情原因，地震时游客很少，否则伤亡会大很多。从另一个角度来说，刚好碰上的新冠疫情反而救了很多人。

图 2-11　磨西镇街道

图 2-12　磨西镇街上食堂

以整体倒塌的大西映画酒店为例，底层框架上部砌体结构，6 层，有接近 200 个客房，是当地规模较大的客栈，有 1 人遇难。据说地震时只有一个客房有人入住，而往年这个时候磨西镇的酒店都是爆满，住满了来避暑的成都人。

中午仍然在酒店旁边的自贡饭店吃饭，之后返回成都，一路顺利。

2022 年 9 月 28 日

近几天，关于泸定地震建筑震害的网上舆情很厉害，为了查明真相，住建厅及时组织了泸定地震灾害调查组，希望得出公正客观的结论。由于种种原因，出发时间一推再推。后来了解到西南院冯大师一组早就在灾区了，我们和川大组成的另外一组商定 28 号出发。一行共十人：省院这边的人员有川勘检测公司的郭嘉、朱飞，院本部有我、博士后基地的周巧玲博士，还有我的一个研究生尧禹；川大是李碧雄老师和她的两个研究生：李梁慧、农清舜，司机是付师傅和宁师傅，携带了无人机、回弹仪、钉锤、尺子等工具。

李老师他们一早到省院和我们汇合。大家照例先做了核酸检测，就向磨西出发了。一路顺利，在泸定下高速，又做核酸。到磨西大概两点过了，大家又累又饿，还是在自贡饭店吃饭，这家饭店我们来了多次了，和老板也很熟了。正好遇到成都理工大学的赵华老师一行，他们调研完毕，准备回成都了。他乡遇故知，还是同行，两个团队一起在广场上照了合影（图 2-13）。

图 2-13　考察团队合影

（左起：马宇、徐浩、袁维光、朱飞、郭嘉、赵华、赵仕兴、李碧雄、农清舜、李梁慧、周巧玲、尧禹）

午饭后，大家在悬崖酒店登记入住，小憩一会，就出发开始工作了。由于有第一次的经历和西南交大潘毅老师的推荐，我们基本锁定了重点调查路线。

第一站，还是先到所有人一直牵挂的中科院磨西基地。这应该是我第三次到磨西基地了，前两次都没能进去。不知道是我们的坚持不懈打动了他们，还是其他什么原因，看门的小伙子给领导打了电话，最后放行了。无人机在天上飞，从各种角度拍照。我们在建筑外面的每个角落仔细检查，最后我和李老师从二楼翻窗入内，再向上逐层检查。在磨西基地估计花了两个小时，大家调研到较详细的数据后离开了（图 2-14）。

图 2-14　磨西基地前合影

（左起：农清舜、李梁慧、赵仕兴、李碧雄、周巧玲、尧禹）

从磨西基地出来后，路过磨西镇一号安置点（图 2-15），老百姓已经入住了，我们特意进去参观了一下。整个园区干净整洁，环境很不错，房间内也布置好了，比工地上的板房好得多，这次的安置房品质比以前的确实有提升。特意看了地面，无沉降开裂，这也是当初杨总关心的问题，看来当时的处理措施是恰当的。

图 2-15　一号安置点板房合影

（左起：郭嘉、朱飞、尧禹、赵仕兴、李碧雄、农清舜、李梁慧、周巧玲）

从一号安置点出来，大家又去了晓拾客栈，这是我第二次来了，结果大门紧锁。正好遇到客栈邻居，他热情地帮我们找主人开门。我们于是先在邻居家休息，顺便检查他们的房子。木结构，外墙采用砖墙，为外包墙，可能和主体没有连接好，基本上都坍塌了。屋顶瓦滑落比较明显，檩条有部分损坏，梁柱接头有部分损坏，梯梁裂得很严重，我上楼梯时嘎吱嘎吱地响。晓拾客栈的主人回来了，其实他只是租客，他说花了200万元做装修改造，以前生意很好。现在房子变成这样了，心痛得很，也很迷茫。建筑是斜的，门也是歪的。一共四层，局部五层，初步判定为底层框架上部砌体结构。底层位移角大于1/30，已经远远超过规范的层间弹塑性位移角了。底层的框架柱和楼梯间有明显破坏，二层砌体结构未见明显破坏，因为安全原因，我们不敢再往上走了，测了梁柱截面和配筋，混凝土打了回弹，就赶快离开了。

出来往燕子沟方向走，又看了一栋木结构，也是外包砌体墙体倒塌，主体结构还好。旁边一座古庙，也是木结构的，建筑有明显倾斜，瓦片滑落，门口有几个香炉都倾覆了，看来当时的地震反应确实很强烈。

晚上吃饭时，一直和当地各方联系，想第二天去甘孜职业学院。

2022年9月29日

通过昨晚和当地部门的沟通，校方很欢迎我们去甘孜职业学院，约的时间是十一点左右。甘孜学院在燕子沟，距离磨西镇很近，大概五六公里。

我们一早出发，先沿着燕子沟检查路途上的民房，这些民房以底层框架和木结构居多。因为磨西台地很狭窄，中间修公路，两边修房子，建筑一侧临道路，一侧临边坡，距离都很近。距离磨西越近，民房破坏越严重。特别是有几栋底层框架柱破坏非常严重，倾斜也非常厉害。最严重的一栋底层层间位移角实测值接近1/6，摇摇欲坠。木结构整体情况要好一些，除了几栋有明显破坏以外，大多完好。

中途路过海螺沟景区人民医院，大家顺便在这里做核酸，和磨西镇上不一样的是，这里要收费，每人十元，但是基本上全天都可以做，镇上虽然做核酸免费，但是限定了时间。后来几天我们都是在这里做的核酸。

十一点到了甘孜学院，刘院长很热情地迎接了我们。但是施工单位有几个工作人员守在校门口，不让我们进。甘孜学院因为阻尼器破坏严重，网上沸沸扬扬，施工单位肯定也受了牵连，压力很大，所以他们要封锁学校，即使我们出示了住建厅的文件，也不让专家进校检查。另外他们说这是个EPC项目，是他们投资，还没有竣工验收，理论上房子还是属于他们的（实际上学校已经投入使用了）。刘院长态度很强硬，坚持让我们进去。双方争执不下，差点起了冲突。后来施工单位提出了折中办法：我们不能下地下室（阻尼器是安装在地下室的），而且他们要全程跟随。于是我们一行人就被监视着，在学校转了一圈，检查了主楼和一栋两层的副楼。主楼空无一人，主体结构未见破坏，房间里吊顶有损坏痕迹，很多试验柜也侧翻了，生物标本损坏了，老师说最心痛的就是生物标本。看来这个楼的隔震效果没有达到预期。旁边的两层副楼未采用减隔震技术，主体未见破坏，家具倾覆的很多，老师们集中在这里办公。检查完毕，刘院长热情地和我们团队一起合影留念（图 2-16），还留我们吃午饭。想到震后学校条件艰苦，为了不给他们添麻烦，我们回磨西镇午餐、休息。

图 2-16 甘孜职业学院合影

（后排左起：郭嘉、朱飞、王芝清、赵仕兴、刘勇、李碧雄、赵文博、彭康勇
前排左起：尧禹、周巧玲、李梁慧、农清舜）

下午是这次调研的两个重头戏：磨西博物馆和磨西天主教堂。

之前曲哲老师在网上发布了磨西博物馆的情况，因为破坏很严重、很典型，在业内反响很大。磨西博物馆是典型的藏式风格建筑，它其实不是博物馆，当时应该是私人投资，按照旅游商业和酒店设计的。建筑规模很大，沿主干道有几百米长，据当地人讲已经烂尾十几年了。从大门进入，右侧是个回字形的建筑组团，地势要高一些，入口大门有高高的台阶，气势恢宏；左侧组团呈 U 形，最里面也是回字形建筑。所有建筑都采用现浇钢筋混凝土框架结构，抗震设防烈度为 8 度（按照最新一版地震区划图，磨西抗震设防烈度为 9 度）。曲哲老师当时介绍的破坏主要是左侧组团。我们从左到右逐层、逐个柱网仔细查看，郭老师、朱老师负责测量，尧禹负责记录。总体来说，左侧组团比右侧破坏严重，靠河谷的比临街的破坏严重。多亏这次带了无人机，可以清晰地了解整个磨西博物馆的全貌（图 2-17）。大家在这里几乎看了整整一个下午，五点左右，我们离开了磨西博物馆。

图 2-17 磨西博物馆航拍图片

下一站是磨西天主教堂，除了我其他人都是第一次来。我第一次来时，建筑周边只有简单的安全绳，这次建筑四周用两米左右高的隔板完全封死了，隔板中间有一个小门，也上锁了。我们敲门半天没有反应，正准备离开，同行的郭嘉突然翻过隔板，跳进去了。同时听到里面的开门声，说话声，我们正紧张得不行，以为惹麻烦了。过了会儿，郭嘉又翻墙出来，说刚才教堂的神父听到声音出来了，听说我们是省上安排来调研的，很热情地欢迎我们进去。但是门锁钥匙找不到了，我们可以从旁边酒店绕道进入教堂。于是，我们穿过旁边一个很漂亮的客栈，进入了教堂。

1935 年 5 月，红军长征时，毛主席曾带领红一方面军夜宿磨西教堂，并召开了著名的磨西会议。教堂很漂亮，距今有几百年了，是四川省重点文物。教堂和旁边的毛主席驻地旧址均采用砖木结构。驻地旧址两层，教堂一层，前面有个相连的钟楼，三层高，均采用砖木结构。驻地旧址破坏严重，不能进去了，教堂主要是屋顶瓦片滑落，墙体上有少许裂缝，钟楼因为比较高，且存在明显的鞭梢效应，主体破坏很严重，X 形裂缝很明显。我们搭起梯子，先检查了教堂的阁楼木结构部分，然后上了钟楼，只上到二层，最顶层不敢上了。狭小的空间，看到四周墙体上巨大的裂缝，感觉摇摇欲坠，赶紧下楼了。

离开前，我们邀请黄神父（图 2-18 中左四）和我们一起合影，感谢他对我们工作的支持。

图 2-18　天主教堂前合影

（左起：农清舜、朱飞、郭嘉、黄神父、赵仕兴、李碧雄、李梁慧、周巧玲、尧禹）

2022 年 9 月 30 日

今天安排考察的点比较多，城里的大西映画度假酒店、城里唯一一栋隔震建筑、城里的民房、燕子沟、海螺沟民房，重点就是大西映画度假酒店和隔震建筑。

一早出发，先到海螺沟景区人民医院做核酸，然后路过甘孜职业学院，直接到燕子沟镇。燕子沟镇只有一条街道，规模很小，街上破坏很轻微。出镇后再前行，检查了道路两侧的民房，民房以木结构和砌体结构居多。总体来说，木结构震害较轻微，有一栋两层的砌体结构，第二层完全垮塌了。

从燕子沟回来，大家直奔大西映画度假酒店。这个是当地规模比较大的一个客栈，整体垮塌了，我 9 月 15 日也来过这里。因为建筑倒塌严重，不能入内，我们就在建筑的正面和侧面查看，另外操控无人机近距离拍照（图 2-19）。

图 2-19　使用无人机对结构近距离拍照

大西映画度假酒店出来后，大家就沿着街道查看，路过一个精致的大门，古色古香，上面书写着“杨家小院”，两侧有石狮子把门。怀着好奇心，我们推门进去。迎面一个巨大的砖砌标识翻倒在一侧，除此以外，整个院子从外观看未见破坏。这时主人出来了，很热情地招呼我们。主人是个退休干部，退休后开了这家客栈。整个客栈采用的钢结构，他说建设工期短，又安全，造价也贵不了多少，地震后他家几乎一直有客人入住，政府官员和记者很多。这个主人是尝到了钢结构的甜头，地震后很多客栈破坏、关门，甚至倒塌，但他现在还可以营业。我们检查了客栈的地下车库和客房，除了墙体和主体结构间有轻微开裂以外，未见其他问题。这是我们在镇上看到的第一栋钢结构建筑，让大家加深了钢结构抗震安全的印象，也让大家反思安全和经济的关系。离开前和主人（图 2-20 中左四）合了影。

图 2-20 杨家小院

（左起：朱飞、尧禹、赵仕兴、客栈主人、李碧雄、周巧玲、李梁慧、郭嘉）

从杨家小院出来后，斜对面就是海螺沟中学。操场搭满了安置帐篷，老百姓正在广场做饭。学校由一栋教学楼、一栋教师宿舍和一栋学生宿舍组成。教学楼采用现浇钢筋混凝土框架结构，底层的框架和填充墙破坏严重，楼梯被锁了，无法上楼检查。后面的教师宿舍和学生宿舍采用砌体结构，整体完好无损。

午饭后出发去贡嘎神汤温泉酒店，据说是甘孜州最大、最高级的酒店，就在贡嘎山脚下、上山看海螺沟冰川的必经之路上。路途先要经过磨西基地下面的大塌方，再过磨西河大桥后左转，进入海螺沟方向。道路狭窄，路上塌方很严重，车队小心翼翼前行。约半个小时，我们到达目标酒店，在停车场休息，顺便等同行的另一辆车。等了很久还未到，心里有点不安，打电话才知道原来是车爆胎了，在换轮胎。因为路上塌方多，估计是车胎被碎石挫爆了。我们先检查酒店主楼：主体结构基本完好，大楼和室外地坪之间有明显开裂，酒店入口玻璃门有一扇掉在地上，填充墙破坏比较严重，办公室文件掉落在地上，电脑显示器倾倒。酒店管理人员正在开会，商量灾后安排，给我们诉说他们受损很严重，我们安慰一番来到后面山坡上的员工宿舍。员工宿舍是四层的框架结构，和主楼相对高差估计20～30m，外观看着还好，只是门口阳台的金属栏杆完全倾覆破坏。进入室内，景象有些触目惊心：填充墙破坏非常严重，到处都是巨大的裂缝，很多地方墙皮掉落。据说当时员工在睡午觉，他们从梦中惊醒后非常恐惧。

从酒店出来，沿途检查了海螺沟的民房，结构形式涵盖框架结构、底框结构、砌体结构和木结构，框架结构和底框结构占比大些，很多都破坏非常严重。一路走走停停，一边安慰老乡、一边检查，大家心情沉重，也无可奈何。

回到磨西，天快黑了，抓紧时间去了今天最后一个目标——镇上唯一的一栋隔震建筑。费了很大劲，终于找到了这个房子：四层框架结构，办公楼（图 2-21），位于一个废弃的酒店内。整个酒店占地面积很大，由数栋多层建筑组成。建筑大门紧锁，我们蜷着身子从建筑周边的隔震沟下到隔震层，空间非常狭窄。隔震层布满潮湿的泥土和垃圾，散发出难闻的气味。大家在隔震层挨个检查隔震支座，发现大部分都有破坏，部分支座破坏很严重。这个建筑当初应急鉴定时贴的是绿标，估计当时时间紧张，专家们只检查了地上部分，应该效果还不错，也未下到隔震层。在隔震层蜷了煎熬的半个小时，大家实在受不了，最后收工回酒店休息。

图 2-21　隔震楼

（后排左起：尧禹、李碧雄、赵仕兴、李梁慧
前排左起：农清舜、周巧玲、朱飞、郭嘉）

2022 年 10 月 1 日

今天是国庆节，大家在灾区度过了特别的节日。

今天剩下了本次考察的最后一站，我们进入酒店门口的金山花园（图 2-22、图 2-23）。金山花园采用钢筋混凝土框架结构，共九层，是磨西镇上唯一的高层建筑，完工已经十几年了，大部分楼栋还未投入使用，也是本地的大型烂尾楼之一。底部两层为商业，上部为酒店式公寓。来来回回多次路过这里了，觉得应该和其他建筑差不多，预计半个小时结束，大家好回家过节。

从底层大厅进去是项目的售楼部，蓝色的字体写着“贡嘎天堂温泉小镇”，玻璃门破裂、家具东倒西歪。费了九牛二虎之力，打开了变形严重的防火门，进入楼梯间。楼梯间的破坏触目惊心：梯柱、梯梁和框架梁端破坏严重，填充墙墙体变形，并分布巨大的裂缝，抹灰层普遍脱落、有些地方大片的砌块掉落地上，墙上露出巨大的孔洞，地上堆满了填充墙掉下的砌块和抹灰层脆片，无处下脚。

我们小心翼翼通过楼梯间，一层一层检查。由于二层未开门，我们从三层进入。这栋楼为酒店式公寓，从房间分布和少量已经装修的部分看比较豪华。检查了大部分楼层，几乎未见主体结构破坏，而填充墙破坏严重。水泥空心砖，页岩多孔砖、空心砖，大孔水泥空心砖填充墙破坏明显轻些。最后大家来到屋面，这里是磨西镇的制高点。阳光灿烂，天气特别好，大家就在屋顶休息聊天。整个磨西镇尽收眼底，远处就是蜀山之王——贡嘎山，景色非常漂亮。大家兴奋地在屋顶合影，留下这段珍贵的记忆。

图 2-22 金山花园（一）

图 2-23 金山花园（二）

（左起：尧禹、周巧玲、李碧雄、赵仕兴、李梁慧、朱飞、郭嘉、农清舜）

本以为今天的调查就要结束了，可以返程了。李老师说她中途去了二楼商业，有重要发现。于是我们先下到三楼，从楼梯间的窗台翻到一个室外平台上，再从室外平台翻到另一侧，这样才能进入二楼。窗台很高，我们男同志都很费劲，很佩服李老师的身手和勇气。二楼很空旷，外墙采用大玻璃窗，内部仅楼梯间有填充墙。国内近年的历次大地震震害都表明，框架结构没有出现强柱弱梁的破坏模式，几乎都是强梁弱柱的模式。在金山花园，我们看到了大量的强柱弱梁破坏，而且是教科书式的破坏！大家非常兴奋，一个柱网一个节点详细检查、记录。二层检查完了，我们又来到一层，一层基本上被分割成了小商业，检查不是很方便，但是也基本上呈现强柱弱梁破坏。大家都说最后这半天太值了。

出了大楼，已经到中午了，照例在自贡饭店午餐，然后回程。在磨西镇检查站，大家照例做了核酸。这时，突然有人兴奋大叫起来，我们扭头一看，贡嘎山出来了，山顶清晰可见，马上把车停路旁，旁边正好有个草坪，长满了野花，大家跑向这里，一顿狂照（图 2-24）。要是上午我们早早收工，肯定就此错过了。很多事情不就是这样吗？

图 2-24　贡嘎山

2022 年 10 月 28 日—30 日

10 月 22 日，泸定发生 5.1 级强余震，从黄神父的朋友圈里看到余震产生了比较大的影响。为了调查余震对建筑的影响，调查组 10 月 28 日又赴磨西，开展了为期三天的考察。首先对上次调研发现的部分典型建筑进行重点调查，检查有无变化、有多大变化，包括：晓拾客栈、燕子沟严重倾斜的底框结构、磨西天主教堂等。然后，对上次漏查的几个典型项目进行详细检查，包括海螺沟管理局住宅、某大型返迁房项目、老街上一栋传统木结构建筑。最后，考察组对磨西街上所有建筑进行编号和震害统计。

街上很多破坏严重、存在公共安全隐患的建筑已经拆除或正在拆除，救援人员基本撤离，街上冷清了很多，灾区已经进入灾后重建阶段了。

30 号中午，黄神父给我们饯行（图 2-25），并拿出了他珍藏多年的老酒。

图 2-25　10 月 30 日与黄神父（左三）在教堂前合影

（左起：尧禹、黄香春、黄神父、赵仕兴、郭嘉）

按照当地人推荐，回程我们选择了走雅家梗中国红石公园（图 2-26），虽然时间要长些，但是可以欣赏到美丽的风景，并可以随时下车拍照，也算是这趟辛苦行程中的慰藉吧。

图 2-26　返程途中

（左起：赵仕兴、尧禹、黄香春、郭嘉）

2 访谈记录

2022 年 9 月 28 日

悬崖酒店某员工：家位于磨西镇附近半山腰，地震时山体发生滑坡，周围多数房屋倒塌。最近经常发生余震，猜测磨西镇至少需要两年才能恢复到原来的样子。

云岭温泉山庄老板：退休前为中国科学院磨西基地职工，退休后在海螺沟经营农家乐。介绍说磨西基地第一次建设在 1994 年，1995 年完工，采用砌体结构，楼板为预制板，修建时可能材料较差。磨西基地原来只有两层，2013 年上面加了一层轻钢结构；2017 年把轻钢结构拆了，加盖一层砌体结构，然后再加上轻钢结构。房间的大概布局如下：正对房屋方向，二楼有两个小会议室，一楼右边有个大房间，其楼上有墙，本身没有隔墙；左边 3 个标间，楼道位于中间。

晓拾客栈老板：房屋为老百姓自建房，自己租来开酒店。非常热情地请我们进入晓拾客栈调查。介绍说自己当初装修费花了 200 万元，酒店生意很不错。现在房屋严重受损，不知道应该拆除还是加固。内心不愿意拆除，因为觉得拆除损失更大。如果能够加固，一百万元以内都愿意接受。当然，还涉及产权的问题。当地很多老百姓的想法和他差不多，都不愿意拆除，说政府给拆除的补助大概一户六万元，远远不够修建费用。

2022 年 10 月 28 日

捷诚汽修厂（图 2-27）：该小型汽修厂是几位兄弟合办，地震中底层纵墙全部破坏。

地震发生时，他们位于楼上，最明显的感觉是房子瞬间向上抬，持续时间很短；在下楼的过程中，地震好像就停止了。对于房屋损坏，他们希望维修而非重建。

图 2-27 汽修厂

2022 年 10 月 29 日

梁武清老人，磨西某木结构建筑房东，老木匠。自己家的房子是木结构，在地震中受损轻微。梁武清老人是个热心人，当时拉着我们说了很久（图 2-28），说很多房子当初修建不规范，技术不过关，所以受损了；另外觉得现在的灾后重建做法有些问题，希望向上面反映，还把自己的经验写成顺口溜（图 2-29、图 2-30）。

图 2-28 与梁武清老人交流

图 2-29 梁武清老人自编顺口溜（一）

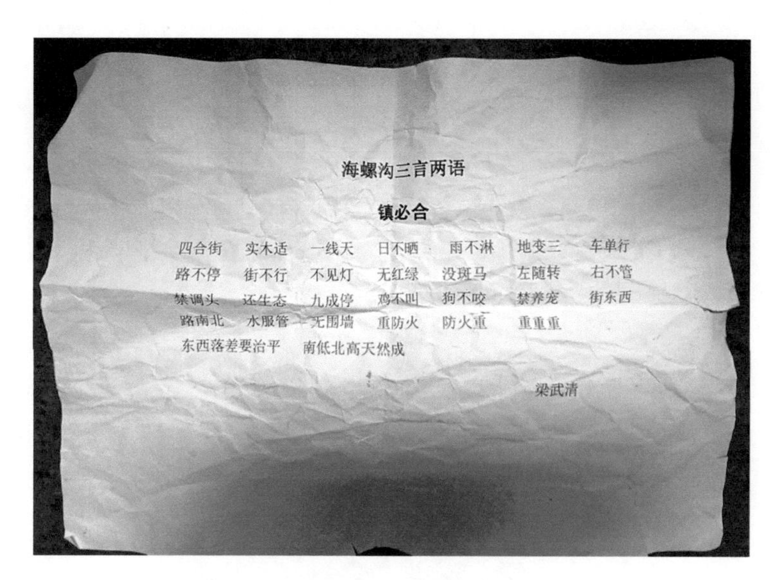

海螺沟三言两语

镇必合

四合街 实木适 一线天 日不晒 雨不淋 地变三 车单行
路不停 街不行 不见灯 无红绿 没斑马 左随转 右不管
禁调头 还生态 九成停 鸡不叫 狗不咬 禁养宠 街东西
路南北 水服管 无围墙 重防火 防火重 重重重
东西落差要治平 南低北高天然成

梁武清

图 2-30 梁武清老人自编顺口溜（二）

海螺沟三言两语

镇必合

四合街　实木适　一线天　日不晒　雨不淋　地变三　车单行
路不停　街不行　不见灯　无红绿　没斑马　左随转　右不管
禁调头　还生态　九成停　鸡不叫　狗不咬　禁养宠　街东西
路南北　水服管　无围墙　重防火　防火重　重重重
东西落差要治平　南低北高天然成

梁武清

参考文献

[1] 吴伟伟，孟国杰，刘泰，等. 2022年泸定6.8级地震GNSS同震形变场及其约束反演的破裂滑动分布[J]. 地球物理学报, 2023, 66(6): 2306-2321.

[2] 铁永波. 成都地调中心形成泸定 6.8 级地震地质灾害综合研究成果[EB/OL]. (2022-10-14) [2023-02-01]. https://www.cgs.gov.cn/gzdt/zsdw/202210/t20221018_714855.html.

[3] 四川省地质局. 荥经幅区域地质调查报告[R]. 1974.

[4] 中国地震灾害防御中心，地震活动断层探察数据中心. 地震活动断层探察数据中心[DB/OL]. (2022-07-01) [2023-02-01]. https://www.activefault-datacenter.cn.

[5] 著者不详. 四川地震资料汇编 (第一卷) [M]. 成都：四川人民出版社, 1980.

[6] 著者不详. 四川地震资料汇编 (第二卷) [M]. 成都：四川人民出版社, 1980.

[7] 高永武，林旭川. 四川泸定 6.8 级地震震害调查——以磨西镇为例[J]. 防灾博览, 2022, (5): 36-39.

[8] 国家档案局明清档案馆. 清代地震档案史料[M]. 北京：中华书局, 1959.

[9] 铁永波，张宪政，卢佳燕，等. 四川省泸定县 Ms6.8 级地震地质灾害发育规律与减灾对策[J]. 水文地质工程地质, 2022, 49(6): 1-12.

[10] 邓天岗，龙德雄，冯元保. 1786年四川康定地震[J]. 中国地震, 1986, (3): 98-99.

[11] 王兰生，王小群，沈军辉，等. 叠溪古堰塞湖与成都平原[J]. 成都理工大学学报 (自然科学版) , 2020, 47(1): 1-15.

[12] 范宣梅，戴岚欣，钟育瑾，等. 岷江上游叠溪古滑坡坝-堰塞湖研究进展[J]. 地学前缘, 2021, 28(2): 71-84.

[13] 刘建军，段玉忠. 唐家山堰塞湖抢险施工总结[J]. 水利水电技术, 2008, 39(8): 10-14.

[14] 刘宁. 唐家山堰塞湖应急处置及减灾管理工程[J]. 中国工程科学, 2008, 10(12): 67-72.

[15] 龙灿. 临危受命 水电精兵逞英豪——访第一个登上唐家山堰塞坝的地质专家施裕兵[J]. 四川水力发电, 2008, 27(5): 122-128.

[16] HUANG Q X, GUO Z X, KUANG J S. Designing infilled reinforced concrete frames with the ‘strong frame-weak infill’ principle[J]. Engineering Structures, 2016, 123: 341-353.

[17] ZHOU Y, CHEN Z Y, ZHONG G Q. Investigation on the seismic performance of the masonry infill wall with damping layer joint[J]. Engineering Structures, 2023, 285: 115979.

[18] 章一萍，冯波，熊峰，等. 套筒灌浆连接纵筋的预制钢筋混凝土短柱抗震性能试验研究[J]. 建筑结构, 2015, 45(15): 81-86.

[19] 邓艾，熊峰，王盼，等. 预制柱水平缝滑移破坏机理研究[J]. 土木工程学报, 2018, 51(11): 24-31.

[20] 杨卫忠. 砌体受压本构关系模型[J]. 建筑结构, 2008, (10): 80-82.

[21] 熊立红，吴文博，孙悦. 汶川地震作用下约束砌体房屋的抗震能力分析[J]. 土木工程学报, 2012, 45(S2): 103-108.

[22] 刘桂秋. 砌体结构基本受力性能的研究[D]. 长沙：湖南大学, 2005.

[23] 范宣梅，王欣，戴岚欣，等. 2022 年 Ms6.8 级泸定地震诱发地质灾害特征与空间分布规律研究[J]. 工程地质学报, 2022, 30(5): 1504-1516.